只有×心理医生×知道

◎ [美]玛丽·皮弗　著　　◎ 钟云兰　译

人民东方出版传媒
People's Oriental Publishing & Media

东方出版社
The Oriental Press

图字：01-2019-1587

Letters to a Young Therapist

Copyright©2003 by Mary Pipher

This edition published by arrangement with Basic Books,an imprint of Perseus Books,LLC,a subsidiary of Hachette Book Group,Inc.,New York,New York,USA

All rights reserved

图书在版编目（CIP）数据

只有心理医生知道 /（美）玛丽·皮弗著；钟云兰译．
— 北京：东方出版社，2020.1
书名原文：Letters to a Young Therapist
ISBN 978-7-5207-1091-6

Ⅰ．①只…　Ⅱ．①玛…　②钟…　Ⅲ．①心理咨询
Ⅳ．① B849.1

中国版本图书馆 CIP 数据核字 (2019) 第 268362 号

只有心理医生知道
（ZHIYOU XINLI YISHENG ZHIDAO）

作　　者：[美]玛丽·皮弗
译　　者：钟云兰
策划编辑：鲁艳芳
责任编辑：杭　超　尼　娜　朱红坤
出　　版：东方出版社
发　　行：人民东方出版传媒有限公司
地　　址：北京市朝阳区西坝河北里 51 号
邮　　编：100028
印　　刷：清淞永业（天津）印刷有限公司
版　　次：2020 年 1 月第 1 版
印　　次：2020 年 1 月北京第 1 次印刷
开　　本：880 毫米 ×1230 毫米　1/32
印　　张：8.25
字　　数：137 千字
书　　号：ISBN 978-7-5207-1091-6
定　　价：48.00 元
发行电话：（010）85924663　85924644　85924641

你一定要知道这些

只有心理医生知道

的事……

i
赞誉

这本书写得很温暖随意。你简直能看见一个老太太在清晨，戴着她的眼镜，微笑着跟你讲些看起来跟心理治疗有关，其实却与生活有关的事情。然后你发现，咨询师都是些有着自己故事的平凡人，来访者也只是饱含情感的普通人，这些在心理治疗里面使用的道理，适用于每个人和人之间的往来。

——简单心理创始人　简里里

作者根据自己数十年的研究和经验，给我们年轻的心理咨询师提供了值得信赖的忠告和建议，希望刚刚走上心理咨询工作的咨询师们，有时间不妨读读这本书，一定会使你有所感悟，对今后咨询工作的开展大有帮助！

——525心理网

　　玛丽·皮弗的语言真的是娓娓道来，如春风，如夏雨，如秋月，如冬雪，每部分内容我都看了至少三遍。似乎你随便翻开一页，里面的那些朴质语言就能解决你现在咨询过程中遇到的难题！我们需要这样一个富有敏感特质的咨询师的引领，这本书真的是年轻咨询师海上航行的灯塔！强烈推荐！

——心里程心理咨询中心

i

序

    1972年，我首次为一个来自暴力酗酒家庭、流浪街头的年轻妇女夏绿蒂（Charlotte）进行心理治疗。她带着抱歉的表情，信步走进大学心理咨询中心。在之后的一星期疗程中，我努力地为她孤寂、乱糟糟的人生理出了一些头绪。每当低声倾诉自己被强暴和殴打的遭遇时，她总是垂下头任油腻腻的刘海盖住双眸，她是那么害怕别人温柔的对待，连我对她一些微不足道的小事发出赞美，她都显得有点退缩。经过半年的心理治疗，夏绿蒂能把前额刘海拨到一旁露出眼睛正视我的脸了。第一年治疗近尾声时，她已经会对我咧嘴笑了，有时甚至试探性地笑出声来。在这三年的相处中，我相信我对她没有什么害处，我们相互喜欢且彼此尊敬，我从她身上学到的东西绝对多过她从我身上学到的。

从那时开始，我陆续看过形形色色的人——多动症学童、受凌虐的妇女、天赋异禀的学生、同性恋父亲、哀痛逾恒的寡妇、暴躁易怒的青少年、做出各种蠢事的成人、精神变态者、身负照顾他人重担的人、迫切想要保持家庭完整的人、急于分道扬镳的人……这30年来，我看着无数的痛苦在无数的身体里流淌。

我现在可以说是研究人类痛苦的博士，我听过太多有警世意味的遭遇，见识过人类伤害自己和别人的各种手法，我也间接地从别人的经验中学会如何避免犯他们曾犯过的错误，我曾目睹一个家庭随着婚外情而变得支离破碎，我不需亲自下海赌博、吸毒和欺瞒，便能体会那些行为带来的破坏力，从我所做的不同选择所产生的后果中，我得到了终身免费的教育机会。

在临床执业生涯中，我大部分时间都待在离家六个街区的诊所，和我先生吉姆（Jim）及好友珍（Jan）一起共事。我们开了一家"小即美"的诊所（"small is beautiful" office），诊所的清洁工作由我们的子女来做，等他们离家自立，我们便自己动手。我们也自己处理收费和安排看诊时间等杂事。有一次，一位知名精神科医生对我说："我会叫我的助理打电话给你的助理。"我回答："我没有聘请任何助理。"

经过数十载寒暑，心理治疗工作已有很大的变化，不断有新的理论跻身于舞台中央，但很快又退场。心理医生在口沫横飞中走过令人眩晕的20世纪70年代，而在大刀阔斧的20世纪80年代，我们几乎毁掉了我们自己。我们一路从松散的长期疗程转到锁定目标的短程治疗。"家庭治疗"曾是我们最优秀的技术，现在几乎销声匿迹了。如同诗人华兹华斯（Wordsworth）最爱的"像酒般深沉的大海"，心理治疗也是"总是不断变化，又全都一个样"。

我深爱心理治疗工作。经常有人问我："整天聆听别人的问题，会不会让自己心情低落？"我总是回答："我不是为听取问题而听，而是为解决问题而听。"个案通常是想要一些改变才找上门来，他们花钱是为了得到一些建议，而且已做好洗耳恭听的准备。我身为一名心理医生的经验是：闷闷不乐的个案来找我们之后变得更加快乐；经常斗嘴的小两口变得更能看到对方的优点；家庭成员们也终能言归于好并携手共度人生。虽不尽然如此，但几个疗程后常常就可以听到治疗出现成效的故事。

心理治疗领域一如人生，总有不同的观点和意见。身为一名心理医生，我会从个案的问题中跳开，试着将注意力放在为他们量身定制、但本质上没有什么差别的良好建议上：我要求我的个案保持冷静、温和且乐观的态度，我要求他们在面对人生选择时有信心，在面对自己本能的欲望时少凭冲动行事。

罗伯特·弗罗斯特（Robert Frost）曾写道："教育把苦恼推到更高的境地。"心理治疗也是如此，它探索痛苦迷惘，从而呈现生命的意义和希望。这本书集合了我从那些徐徐走进我办公室、扑通跌进旧沙发、找我谈问题的个案身上总结的经验教训，它是我花数百个小时聆听个案回答"今天是什么风把你吹来的？"这个问题的浓缩精华。和人交谈，与做爱、睡觉、分享食物一样，是人类最基本的行为之一，尽管这个论调有待商榷。两个或更多人彼此交换心事，努力解决生活上的问题，重拾欢笑和内心的平静，弗洛伊德以新的方法建构这些交谈行为，然后学者对它们进行研究，最后借着交谈解决问题，这就构成了心理治疗的内涵。

心理治疗是一项复杂的工作。大文豪马克·吐温曾形容自己是"硬塞进一套衣服内的所有人性本能"。每一个走进我办公室的人，都有我们的影子，而且我们都是基于本性行事，我们都会推诿搪塞且自抬身价，也害怕承认自己是多么脆弱，并试图掩饰自己的缺点，我们必须一遍又一遍地学习"如何做一个普通人"。

拿我自己来说吧！我曾是同事眼中"笨手笨脚的天才"，我母亲常开玩笑说我是没学会走路之前就会写文章。我一只眼睛失明、情绪起伏不定、缺乏时尚感和方向感、患有幽闭恐惧症而且很容易倦怠。但是，不知道什么缘故，我发现有些人还挺爱我，而我也知道他们的缺点，也很爱他们，他们是我亲密的朋友和家人——我至亲至爱的人。

作为一名心理医生，我自认为自己是个通才，相当于我母亲在医学界的地位。我不是一个游戏心理治疗师，在对幼童进行心理治疗时，我会帮他们的父母想出如何与孩子相处的方法，我会避免碰触法律方面的事务和精密深奥的诊断。精通某一个领域会带来财富和职业上的报酬，但是对我来说，心理学听起来很单调乏味，用30年的时间来解决一个问题，实在太长了。

就我而言，干这行最好的诀窍就是：不耍任何手段。每当我想要装出一副聪明老练的样子时，我常把自己和个案弄得一脸糊涂。有一次，我指派给个案完成我自认为很漂亮、诡秘的家庭作业，他却反问我是不是正在吸毒。还有一次，我试图对个案的未来做一番预测，那个酒精中毒已深的个案直勾勾地看着我，突然大叫："如果你能预测未来，那你应该到拉斯维加斯去试试手气。"

我提出的大部分解决问题的方法都很普通，不外乎多休息、好好工作、一天同时做好几件事及找些人来陪自己等。当然，简单的建议并不一定容易，且不是都有效果的。当不见成效时，通常我会依赖自己对心理治疗的信念来支撑自己。爱因斯坦曾说："我们不能用制造问题时的同一思维水平来解决问题。"心理治疗为个案提供了一个安全的人际关系，使他们能探索自己的内在世界，能在外在世界中采取一些冒险的行动，并为他们混沌特殊的宇宙提供观点。

我在学生时代研究卡尔·荣格（Carl Jung）、哈利·沙利文（Harry Sullivan）、奥托·兰克（Otto Rank）、弗里茨·皮尔斯（Fritz Perls）和乔治·凯利（George Kelly）等心理大师的理论，我也阅读弗洛伊德的著作，但我对他们有关"所有良好的行为都是情感升华"的概念从来就不太欣赏，我也不赞同他们所谓"人生大部分是竞争、攻击和性"的观点——一个以男性为中心的理论。有关成长和以人的力量为中心去发展的原型理论（Strength-based Models）常常吸引着我，我敬重信仰人本主义和存在主义的心理学家，例如亚伯拉罕·马斯洛（Abe Maslow）、罗洛·梅（Rollo May）、维克多·弗兰克尔（Victor Frankl）、卡尔·罗杰斯（Carl Rogers）。我认为，卡罗尔·吉利根（Carol Gilligan）与斯通中心（the Stone Center）有关自我和他人关系的观点也很有意思，甚至在积极心理学派出现之前，我便深信专注事物积极的一面是很重要的。

我从1972年开始接受心理医生训练，那时的心理学家主要是试验者，我们学习如何进行智力测验、人格量表和心理投射测验。心理投射测验即是拿模糊难辨的刺激物（如墨迹图形）给个案看，让他们说出眼中所见到的东西。起初我觉得那些测验十分神奇，但是多了一些经验后，我变得比较喜欢把交谈作为一种心理诊断的方法。

我在德克萨斯大学医学中心实习时，该中心正在进行好几项有关家庭治疗的开创性实验。之后我在内布拉斯加大学教授女性心理学的课程，算是较早开设这门课程的人。从某些方面来说，我是在心理学主流中浮游，但也是在独力行舟。我对家庭治疗中怪罪家庭、隔离治疗和归咎于无法在场为自己辩解的第三者的方法有很强烈的偏见，我总是力劝我的个案回家度假并与家人团聚，我从不使用"不健全家庭"这个术语，也不鼓励个案控告自己的父亲和母亲。

甚至小时候，我便觉得应该保护自己有点古怪的家人，我深深体会到自己的双亲其实是有着自身复杂问题的、没时间陪小孩的不称职父母，但我也能感受到他们很爱我，而且在尽最大的努力给我幸福，我的内在世界大部分是在与他们的交谈中形成的，我不想用严苛的标准去评断他们，而且也不想以严苛的标准去评断他人。

也许源自我在人类学方面的训练，我总认为心理方面的问题和外在环境息息相关。抑郁症、焦虑、家庭暴力、滥用毒品和酒精等问题，都源自我们极不健全的社会文化，更不用说多动症幼儿和饮食失调患者。在一个儿童都能接触到嫖客妓女和连环杀手电影的社会，谁的心理会健康呢？如果大多数人都不认识他们的邻居、不和家人亲戚往来，或没有时间在星期天下午小睡一会儿，我们如何能期待他们快乐呢？

我们深陷于一种否认自己对他人、大地和下一代具有影响的文化中。我们忽视儿童、难民、老年人和穷人的问题，我们的媒体鼓励我们生活在肤浅的表象世界里，叫我们想想如何装饰门窗，而不去思考世界和平和我们自己的精神需求的问题，我们还被教导把一切事物分隔开，这些都是我们身心呈现病态的原因。

好的心理治疗以温柔且坚定的方式帮助人们摆脱负面的情绪和分割的世界，它帮助个案发展更丰富的内在生活及更宽广的自我认知，它也帮助个案学会如何与他人和谐相处，同时增进他们对自我存在的认知，并让人们责无旁贷地对这个世界贡献最大的影响力。

对我而言，幸福，就是对我们所拥有的一切心存感激。就实际层面来说，这代表着我要降低对事情是否公平或能否如愿发生的期望，也代表我要在平凡事物中寻找乐趣。我不是电视迷或购物狂，而且我会尽自己最大的努力劝导人们不要有"幸福与拥有很多物质息息相关"的想法。

作为一个成年人，就意味着要接受不断作选择的神圣责任。我相信，我们到了某个年纪后，除了身患慢性心理疾病及心理遭到严重创伤的人之外，都要为自己的人生负责。若不这么想，就是心存傲慢和蔑视。我鼓励大家了解并接受每个人都有一个复杂的过去的事实，抛开过往继续前进，并为自己和他人创造一些美好的事物。我们都有伤心事，但是不能因此就免掉我们应尽的义务。

1979年，我开了一家诊所，大部分的心理治疗都是在那个心理医生拥有很多时间来帮助个案的黄金年代进行的。我的个案大多有保险，足够支付心理治疗费，甚至工厂的工人也可以要求延长疗程，且悠闲地探讨他们的问题，他们也不期待心理医生能创造迅速、具体的改变。当"管理式治疗"之风猛然吹到我们这里时，我抱着置之不理的态度，因为我喜欢用自己的方式从事心理治疗，且已实行多年，我无法容忍局外人对我的个案发号施令。

最近，我碰到一位忙得不可开交的心理医生，他吹嘘自己做的是"如假包换"的心理治疗，并宣称他可以在四个疗程内治好大部分个案的心理问题，我简直无法掩藏我的怀疑。好的心理治疗就像烹饪一样，费时费工。当然，有些个案和心理医生会滥用旧有的治疗方法短暂解决问题，但是我们大多数人都能很明智地利用时间。过去，我们可以和个案建立良好的关系，现在为了节省时间和金钱，心理医生必须动作快，且每周都要展示自己的进步成果，于是很多东西便流失了。

我在内布拉斯加大学心理研究所担任临床心理治疗指导教师多年，有时我到学校教室授课，或坐在只能从外往里看的镜墙外观察学生做临床心理治疗。研究所的学生也常常把他们的临床实习录像拿到我家放映，我边看边给他们指点和赞美。

我用给萝拉（Laura）写信的方式来撰写这本书。萝拉是我最钟爱的研究生，20来岁，单身未婚，她思想开放、不预设立场、待人热情诚恳且爱极了心理学。她和我一样是个喜欢在外面跑的人，但她不像我那么保守，是个勇于冒险的年轻人，她喜爱泛独木舟、溜直排轮和攀岩运动。一如大多数的年轻心理医生，萝拉有时会害怕，有时又过度自信，她想要实地搜集各式各样的病例，但又很容易惊慌失措。

我希望心理医生和一般读者一样，都能好好品味这些信函的内容，我举了很多自己在工作中碰到的临床实例，我省掉大量的引用语，但又忍不住在文章中加进一些我最喜爱的语录，我尽量避免使用心理学行话和社会科学术语，但是我仍想温柔地提醒读者，心理治疗可以是你在面对人生艰难坎坷时解决问题的一个方法。

我都是在清晨写这些信，从我的书房可以看见一棵老枫树、花园、为鸟儿和松鼠所设的喂食站。以信函的方式写书是我为期一年的计划，而季节的变化影响了我的心情和写作（读者可能喜欢分析我的季节性情感障碍）。

我从2001年12月2日开始动笔写这些信，这正是内布拉斯加苦寒的季节，我正要把过去一年发生的点点滴滴埋入心底，其中包括"9·11事件"，我们无不期望新的一年能带给我们更好的讯息，但当时全世界已陷入黑暗时刻。写这些信对我来说好像在度假，它使我有机会把重心放在人的问题上，从而远离全球大事。

　　亲爱的读者，我希望你们会发现这些信函具有教育意义和趣味性。身为心理医生，我认为，生活中的乐趣绝非微不足道的小事，它是我们拥有的最美好的事物之一。所以，为自己在阳光下或火炉边找一个舒服的位子，泡上一杯水蜜桃茶，让猫趴在你的大腿上，让我们一起出发去寻访吧！

目录

成长之路一步一个脚印

第 1 封信

亲爱的萝拉：

　　昨晚我整理了一些老旧的儿时黑白照片，其中有一张是我襁褓时期胸前覆盖一本杂志熟睡的照片，早在那时，我便已学会这套阅读入眠术了；另一张是我摆好姿势，端坐在一张摆满晚餐的高脚椅上，照片中的我狼吞虎咽地用手把蛋糕往嘴里塞，直到今天，享用美食仍然是我人生的最大乐趣之一；还有一张是我和弟弟杰克（Jake）并肩站在一栋红色的砖造房子前，那是我们转到新学校上课的第一天，姐弟俩穿着不合身的老式外套，看起来瘦弱又怕生，眼睛透着不安、瞪得老大，杰克靠在我身上，而我紧握着他的手。

　　这些照片构成一条穿越时间之林的成长轨迹——横跨在出生于欧札克山区（Ozark）的我与定居于内布拉斯加州的我之间。那个在开步迈向校舍之前，紧抓着弟弟手的女孩，与今天那个常常对个案说"我们可以一起来改善问题"的心理医生相互呼应。

马克·吐温年老时曾说:"我已到了自以为记得最清楚的事其实根本没有发生过的年纪。"我们一而再地构建属于自己的回忆,它变来变去像梦一般,任由我们想象,但我仍想要与你分享我成长路途中的点点滴滴。

我最早住的小屋是爸爸在第二次世界大战后回到密苏里州亲手建造的。一年后,为了配合妈妈读医学院,我们搬到了丹佛市。等妈妈毕业后,我们全家便在内布拉斯加州的几个小镇间搬来搬去,接着我们又在堪萨斯州落脚。1965年,我在那里念完了高中。四年后,我取得了加州大学伯克利分校的学士学位,在进入研究所深造之前,我游荡徘徊于欧洲和墨西哥之间。随后,我定居林肯市,嫁人生子,并成了一名心理医生。打从一开始,无论我搬到什么地方,我总是静不下来,有讲不完的话,且热情洋溢,我一向很喜欢和人交往,亲近大自然,我也爱看书。

成长过程中的某些特殊时刻,塑造了我今天的想法。我还记得3岁时变成"文化相对论者"的那个晚上,尽管那时我还不知道这个名词的意思。那是抗生素尚未普及的1950年，我妈妈常告诫我，洗完澡后一定要马上把双脚擦干，套上袜子免得着凉。一天晚上，我住在艾格妮丝姑姑家，姑姑看到我从四边嵌着虎爪的浴缸爬出来后，立刻用毛巾擦干双脚，便提醒我说："好女孩要先把屁屁擦干，再穿上内裤。"两个我信赖的女性在如此重要的事情上，态度竟然大不相同，着实令当时的我讶异不已。

从某种观点来看，我的家庭生活本身就是一本教材。我是一个大家庭中的长女，妈妈是医生，爸爸既是研究员又是技师，医院工作余暇，他便养一些猪、鹅和鸽子等家禽家畜。我妈那边的亲戚是卫理公会的教徒，他们虽然在科罗拉多州东部的贫穷农场长大，但都受过良好的教育且心态十分开放。我爸那边的亲戚则来自欧札克山区，他们当中什么人都有，但都有一副热心肠。我有一位拥有百万家产、整年都在环游世界的自由派姑姑；有一位把票投给巴里·戈德华特（Barry Goldwater①）的农夫叔叔；有一位以卖香肠和猪油为生，却对

---

① 巴里·莫里斯·戈德华特：Barry Morris Goldwater，1909年1月1日至1998年5月29日，美国政治家。

政治毫无兴趣的叔叔；还有一位嫁给了高寿却一辈子从未跨出密苏里州一步的男人的奶奶。在我们家，你总可以见到感情丰富与严肃压抑的亲戚凑在一块儿玩牌、举止优雅的城市人与乡下人一起摆龙门阵、南方浸信派教徒和"一神论者"共进鸡肉晚餐等有趣的画面。

住在内州比弗城期间，一些亲戚有时会来我们家住上几个星期，表兄妹们会一起漫步田野，一路走到比弗小溪，或者骑着脚踏车在城里瞎逛，看看有没有好玩的事物。当一伙亲戚聊到半夜开始有气无力时，我爸总会讨好地对其他人说："如果帮你们煎丁骨牛排和马铃薯，可不可以不要聊个通宵？"

那时我睡在餐厅隔壁的长椅上，睁着眼听大人们谈话，我一边听，一边问自己：为什么某些人会爱上彼此？为什么有人家里禁止小孩听摇滚乐或看电影？为什么我的一个叔叔要喝那么多酒？为什么亲戚中有人爱小罗斯福总统爱得要死，有人却对他深恶痛绝？为什么我的一个表哥老爱耍狠，另外一个却对我亲切又有耐心？

我小时在母亲的办公室打工，做些数药丸、消毒塑胶手套和外科设备数量的杂务。我有时听到护士们窃窃私语谈论一些大部分小孩子无从知道的八卦——那个银行的女清洁工是一个妓女；送我妈花的那个有钱农夫，其实是想要我妈帮他女朋友堕胎；还有那个领我们进入教堂、笑口常开的男子患血癌快要去世了。

每个小镇都有一大群像莎士比亚名剧里的人物角色，镇上的酒鬼、老兵、同性恋圣诗班指挥、人品高尚或尖酸刻薄又从不出门的人，我全都知道。学校里的老师更是参差不齐，有的老师对学生漠不关心或极度无知，有的在十分认真地教我们诸如什么是秘鲁、中国主要的出口产品是什么或如何用简图来说明句子的结构等知识。辛苦教学的老师、梳着鸭尾头的街头混混、好心肠的葬仪馆工作人员和脾气暴躁的市长，我都和他们交谈过。我的邻居认为在公众场合穿着短裤是有罪的，这意味男孩子不能打篮球，儿童也不能在公共泳池里游泳——真是够严苛的信仰。

成长过程中值得一提的是我在家中的领导地位。我爸妈大部分时间都不在家，家里的小孩经历了很多善意的忽视。当我们东倒西歪地在风雪中走了八个街区到达学校后，很多时候才发现学校当天取消了上课。一到暑假，我可以恣意挖一大碗冰激凌当早餐也没人管，然后我可以自己决定当天早上是要到图书馆看书，还是躺在杏子树下和其他小孩玩耍。我是家里拟订计划和协调各方的人。5岁时，我的姑姑问父亲我们全家要不要一起去野餐，父亲回道："去问玛丽吧！家里的事都是她在规划呢！"

　　一些心理学家可能立刻将我贴上家长型儿童的标签——早熟且有责任感，而且他们可能会对我寄以同情。但是，我自己看这件事的角度和他们不同，在家扮演这个重要角色给了我极大的权威和自主，我很小就体会到辛勤工作和做个有用之人所能带来的快乐，我学会了烧饭、对儿童表现关怀、自己作决定、组织群众等技巧，也发现在达到自己的目的之前先要满足他人需求的道理，如果我能讲故事给别人听，帮他们烘烤饼干或逗他们开心，我一定会为他们所爱。

　　镇上流行的偏见是另一回事。镇上药房老板的儿子是跛脚，有一次犯了大错——企图亲吻另一个男孩，自此以后，他的人生陷入了永无止境的地狱深渊，至今我想到他仅因"与众不同"而遭受惩罚，仍会不寒而栗；镇上有一对双胞胎兄弟经常不洗澡也乏人照料，只因身为杀人犯之子，镇上的人便毫不留情地戏弄他们；另一个男孩大概牙齿有些毛病，每当他说话时总是口沫横飞或痰吐满地，小孩子都不敢靠近他，因为大家说他身上带有"细菌"；最后镇上来了一个原住民转学生，同学们对她视若无睹，仿佛拥有褐色肌肤就活该是个隐形人。即便当时我还只是个小孩子，但已觉察到这些行为不对。但是，我年纪太小，不知该怎么制止，我只知道我并不喜欢这些行为，也不加入这种残酷的游戏。我多么希望我能大声说，我曾为提到的这些弱势儿童挺身而出，但是我并没有做到这点，这也许就是今天我尝试要为弱势群体争取权益的原因——我要为我过去的行为做些补偿。

我住的镇上四周到处是土拨鼠窝，在美国，你很难想象有比这个更偏远的乡下。那时夜晚的天空很清亮，我还记得北极光和冬天里罩着寒霜的星星。当电视还没有进入千家万户时，时间仿佛过得特别慢，我慵懒地躺在小镇广场上的榆树下，和一大群老人小孩打发时间。我经常在药房啜饮汽水、看漫画书，到了晚上，我便和朋友们四肢大张地躺卧在草地上观赏天上的银河，嘴里说些吓人的鬼故事。

我学会利用大自然的美景来安抚心灵和娱乐自我。暴风雨过后，我忙着拯救雏鸟和幼鼠。有一次，我养了一只喜鹊作为我暑假的玩伴。春天来时，我的家人从竞赛场上的猎人手里买下了一只幼狼，我与它们一直玩到秋天，才把它们放生。我们也在高速公路边捡过龟蛇之类的动物，放在水族箱饲养。只要有机会，我一定会到室外走动，因为我了解不管任何时候，只要我感到无聊或难受，大自然总会把我照料得很好。

到我12岁时，我已看完镇上图书馆里的每一本儿童书，并非我本事大，而是馆里藏书本就不多，我偏好海伦·凯勒（Helen Keller）、艾伯特·史怀哲（Albert Sweitzer）、小罗斯福总统夫人和居里夫人的自传，我也喜欢《布鲁克林有棵树》（*A Tree Grows in Brooklyn*）、《大地》（*The Good Earth*）和描写第二次世界大战期间一群英勇的波兰儿童在没有父母的庇护下劫后重生的《银剑》（*The Silver Sword*）。

我在这个年岁也发现了《安妮日记》（*The Diary of Anne Frank*）这本书，并被它的内容惊得目瞪口呆，因为这是我第一次见识到什么叫邪恶，这跟我以前见过的许多因误导、冲动和困惑产生的行为不一样，而是真正的大奸大恶。读完这本书后的几个星期，我吃不下也睡不好，我无法想象是什么原因允许大人这样杀害小孩，人类竟可以这样自相残杀，我的心因这本书的内容痛苦不已。然而，很奇怪的是，这本书也教给我什么叫作英雄，安妮至今仍是我心目中最伟大的英雄。

有时候，我的书也为我惹来麻烦。有一次我们全家去度假，我带了埃里希·弗洛姆（Erich Fromm）的《爱的艺术》（*The Art of Loving*），打算好好读一读。这是一本探索人类亲密行为本质的心理方面的畅销著作，我父亲警觉地瞄了一眼书名，便推断我已沉溺在一些下流书刊里，愤然把我心爱的书丢到营火里烧毁了。

阅读带领我神游世界各地，每当我因家里的口角纷争或学校课业不顺搞得心烦时，书总能使我开怀并且平静我的情绪。有了书本，我在家里厨房翻搅豆汤时，心也能飞到伦敦与大卫·科波菲尔（David Copperfield）相伴，或者随着神探唐娜姐妹（the Dana Sisters）或南茜·朱尔（Nancy Drew）的脚步，去查访珠宝大盗的行踪，我的心境因此变得更宽广了。

如果我们把人的一生比喻成始于初春、终于寒冬的一年，那么我的人生已然走到深秋时分，这个季节激发我对过去进行一次次反省。我童年时认为理所当然的一些片段——风平浪静的漫长暑假、姑姑阿姨们忙着把马铃薯装罐或揉面做水果馅饼的情景、深秋傍晚燃烧树叶的味道，原来是让我感受属于一个中年妇女的心痛和渴望。

萝拉，你的人生正值草木齐发的初夏，我很想知道你将如何开始这个季节。你曾说过求学时期，其他同学有问题时都会找你倾谈，当别人的知己密友，是你成长轨迹的一部分，我们这个行业很多人也有这样的经验。

回顾自己的来时路，可以帮助你更了解自己；而了解自己，也有助于你的人生和工作。

我们一而再地构建属于自

己的回忆，它变来变去像梦

一般，任由我们想象。

并非人人都能当心理医生

第 2 封信

亲爱的萝拉：

　　我刚与家人团聚庆祝圣诞佳节回来，家里的人各自准备着菜肴，晚餐后大家还享用了李子布丁，并交换了圣诞礼物。在吃墨西哥式色拉时，我的侄女告诉我她将来想要做一名网络管理员，我在她那个年纪时，这个职业根本还没有出现呢！我俩针对如何选择事业、擅长与喜欢某一项技能的差别，以及工作不应全以金钱为考量等问题，好好详谈了一番。我侄女说她听说坦帕市缺乏网络管理员，而且她一直想要住在靠近海滩的城镇。

　　我俩的长谈勾起我30年前凭一时冲动决定成为一名心理医生的往事。当时我还没有把握能找到人类学研究所就读，误打误撞地就进入了心理学领域。我一时兴起，走进校园的心理咨询中心求见临床计划主任，他鼓励我攻读博士，并保证会提供给我奖学金，我实在够走运，因为我太想念研究所了。今天我能够以治疗医生、咨询师、教授、作家、演讲者的头衔纵横职场，全拜我是心理学家所赐。萝拉！我知道你怀疑自己是否有天分成为一位优秀的心理医生，请容许我以"玛丽阿姨"的身份来谈谈这个话题。

心理医生就是坐在一个狭小、通常很不舒适的房间里，从早到晚八个小时，倾听一个又一个个案抱怨他们犹如木头人的伴侣、充满敌意的青少年子女、超爱掌控的老板。除非我们保有持久的好奇心，否则数小时下来，我们会很辛苦。像我们这样热爱心理治疗的人，往往很容易为人类陷入和摆脱困境的各种可能方式而深深着迷。

从事心理分析治疗需要体力、专注和耐心。这个行业不会让你名利双收，除非你有很强烈的帮助他人的动机，否则很难持之以恒。心理医生哈利·阿彭特（Harry Aponte）说他没办法一直对着他人工作，除非他能从对方身上看到自己的某些影子，或对方能在他身上找到部分自己。正如尊重理应是相互的，蔑视也一样，除非你对大部分人的基本感觉是正面的，不然，心理治疗并不适合你。

教我写作的一个老师曾经告诉我："如果你向世界传达的讯息是'人生像狗屎'，那就省省吧！"心理医生是不能散播负面信息的。人都是因为内心遭受折磨才走上心理咨询之路的，我们的工作大部分和人有关。我到现在还记得一位有着一头及腰的金发、身怀六甲的美丽女子，进门抛下一句"我得了多发性硬化症（Multiple Sclerosis）"后便大哭了50分钟，简直泣不成声。在第一次治疗中，我忙着递纸巾并静静地听她倾诉，最后我给了她一个拥抱，邀请她两天后再来。在第二次治疗中，我听她大谈三个年幼子女，和她那个赚钱不多、依赖她作决定且反过来需要她安慰的丈夫，这次她又哭了一会儿。我对她说："你已经做到'勇于面对问题'这个最困难的部分了。"我接着说："你一定可以渡过这个难关！你比自己想象得更坚强，你的家人会尽他们所能与你共渡难关。"第二次治疗结束前我问她："往后几天你要怎么过？"她泪眼汪汪地回答："今晚我要带女儿去公园玩。"

个案史薇兰娜（Svetlana）的大礼是希望。她极为害羞，在中学时代是同学们嘲弄取笑的牺牲品，到九年级时，同学们对她的辱骂逐渐在她心里内化，她不再相信自己。逐渐了解她后，我发现她其实很爱动物，而且有一种另类的幽默感。我帮她找到一个可以骑马的地方，也支持她想在人道协会（Humane Society）做义工的决定。史薇兰娜慢慢培养了新的技能，也因此重建了对自己的信心，与动物为伍的工作让她远离了不怀好意的同学，而和一些年纪较长、心智较成熟的人相处。

　　我预言："整个夏天，你会因快乐的时光和信心感到惊喜，明年你会碰到一个志同道合的精神伴侣。"我的预测大部分都成真了：史薇兰娜和马群共度了一个快乐的暑假，当年秋天，她迈着勇敢的步伐进入高中，后来她的确也交了一个朋友。然而，她还是对我说："我宁可去铲肥料，也不愿面对百分之百烂透了的高中！"这点我倒是可以接受，因为我没有办法解决每件事。

　　我们进入心理咨询这一行的很大一部分原因是我们本人

有强烈的私人需求。我从小到大都在扮演关怀和照顾幼小的"大姐姐"的角色，但同时我也十分擅长对别人呼来唤去，且过度有责任感。身为心理医生，我必须注意自己这两种人格倾向。

我们必须要认识到有时我们会把个案和我们自己的母亲、小学校长或初恋男友搞混，我们也必须明白什么人我们可以协助，什么人我们帮不上忙。举例来说，我没办法处理具有暴力倾向的个案，因为我怕他们。同时，我也无法原谅他们伤害妇女和小孩。

心理医生本身不必是心理健康的典范，我也认为我们需要理性地调整自我的心态。吸毒、精神变态和自欺欺人的心理医生会伤害心灵脆弱的个案，我们需要学习与人相处的良好技巧。我自己是从担任女服务员的工作经验中学到这些技巧的，整个高中，我都在啤酒快餐店当服务员。上大学后，我在各式各样油腻的小餐馆和甜甜圈店打过工，我应付过挑三拣四、动不动就生气的客人及势利小人、酒鬼、小气鬼。当然，我服务的对象中也有万人迷和爱开玩笑的客人，还有一些人好得难以想象。在我领悟了与凡夫俗子相处之道时，其实我已从中充分认识到了人类的荒谬和粗俗。

那些言行粗暴怪异、其他同学避之唯恐不及的研究生最好去找别的差事。研究所班上有一个心理不健全的心理医生罗伯（Rob），他是个尖酸刻薄、喜欢嘲讽他人，且以让他人感到自卑为乐的人。在观看罗伯的心理治疗录像带时，我们初级班的学生个个坐立难安。他在国家精神病院对他的第一个个案——一位患抑郁症的英语专业的女学生——进行测试时，个案很快就被他一连串带有强烈敌意的问题吓得泪眼汪汪，他问她："你真的指望我会相信你说的？你是不是想耍我？你为什么不做一些比较聪明的事啊？"我们的老师看起来被吓得目瞪口呆、沉默不语。几个星期后，罗伯转到实验心理学部门，从此大部分时间与实验室里的老鼠为伍。

我们这个行业享有的一件奢侈的事情是，心理医生可以坚持自己的理想，不像警察、房东或酒店老板，我们在这行待得愈久，就愈有让人喜欢的资本。那是因为我们是从别人的视角来逐渐了解这个世界的，我们知道大多数人都想要做个好人。

曾经当过别人个案的经历是我成为心理医生过程中上过的最好的一课。我记得第一次打电话预约时，我尴尬到连声音都变了，我觉得自己有点愚蠢和软弱，也终于了解到承认自己失败、把秘密告诉陌生人是多么不容易。我十分在乎我的心理医生怎么想，连一些微不足道的意见，我都认真看待，我也会注意他用什么牌子的笔，以及他什么时候眨眼睛。

我的心理医生是个谦虚、低调的男人，我会在周六早上去他家找他，他的太太会给我倒一杯咖啡，然后把我带到她先生的小办公室里。他看到我时会先微笑地轻声问："怎么了？"然后专心听我倾诉，他并没有分析我的性格，也很少提供什么建议，有时他会开个小玩笑，基本上他对我很亲切。

有一次，当我试着描述我的感受时，他轻柔地建议用"愤怒"这个字眼。那一瞬间他解救了快要生气的我，帮我认清了自己很难觉察到的感受。

优秀的心理医生要能容忍模棱两可的状态，人类的情况常常变化多端、五花八门，又独一无二，没有一套放诸四海而皆准的咨询方式，最后，大部分问题的答案都是"要视情况而定……"。认为"这就是我的方式"或"人人都这么做"的心理医生是个失败者，他们非黑即白的二元化哲学，往往让那些处于灰色世界的个案抓狂。我们镇上有个只凭一招半式就行走江湖的心理医生，所有的个案不管遭遇到什么问题或是哪种性格，接受的一律是他那直来直往、专门分析行为模式的短期快速治疗。这样的方法不但没有用，而且可能对个案造成伤害。

表明问题的复杂性，是我认为比较有效的治疗方法之一。个案要的不是被分类归档，对个案解释他们的情况很复杂，是对他们的一种尊重，问题要是那么简单，个案也不会来寻求治疗。"复杂"是一个不带价值判断的字眼，能为你争取到时间和空间，它暗示需要检视各种情况，看能否出现意想不到的发现。

心理医生要能厘清问题的真伪和深浅，以及是长时间累积还是只是一时的问题，我们需要海明威式的方法——"连笨蛋都会使用的狗屎侦测器"。混沌不清的思考和粉饰太平、拐弯抹角的意见对任何人都没有帮助。我曾经在一所精神病院碰到一个嘴巴很甜，但脑筋不太清楚的心理医生，她告诉我她对每个人都给予无条件的正面关怀，甚至对精神变态者和介于精神崩溃边缘的个案也是一样，她还引用披头士的名歌《你需要的只是爱》（*All You Need Is Love*）。我想个案需要的不只是这些，几乎每个人都需要弄清问题、展望未来，而且有些人需要象征性地被踢一脚。

不加判断可能指的是好坏不分，而立场开放也可能意味着没有原则。好的心理医生能平衡好保持传统基本常识和鼓励新思潮之间的关系，我们永远也无法确定我们的了解是否够深入，或我们的意见是否恰当。我们的工作内容大部分不是硬邦邦的科学，心理治疗应该涵盖科学、直觉和亲切关怀的态度。因为在心理治疗上能真正发生疗效的是，一个有血有泪的人与另一个有血有泪的人之间产生互动联系。

不要被我所列的一大串看起来很难做到的要素吓到，对我们这一行感兴趣的人与生俱来就有这些特质，这也是我们成为心理医生、努力解决人类问题的原因。萝拉，你除了需要再多几年的经验之外，已经拥有成为一名优秀心理医生所需的每一项条件。

从事心理分析治疗需要体力、专注和耐心。这个行业不会让你名利双收，除非你有很强烈的帮助他人的动机，否则很难持之以恒。

大自然的神奇力量

第 3 封信

亲爱的萝拉：

现在正值南达科塔州印第安人所谓的树枝噼里啪拉响的月份，这个季节因冰风暴常折断树枝而发出很大的噼啪声响而得名。下个月将是寒霜降临的月份，三月底则会带来茫茫的大雪，这些月份的名称可以带我们一起窥探南达科塔人如何与大自然相处的奥秘，我多么希望今天我们也能使用这些古老节气的名称。

我现在正动手拆除圣诞节庆的摆设装饰，并对今年收到的圣诞卡片做最后的浏览。我的个案桑德拉（Sandra）寄来一张她的爱犬普拉西多（Placido）的相片，这次是普拉西多站在花园吐着舌头，它的颈上还围着一面美国国旗。桑德拉以卖炸甜甜圈为生，生活重心就放在普拉西多身上，这只狗给了她心满意足的友谊。过去几年，我收到满满一抽屉普拉西多的照片，它们提醒了我宠物对人类有多么重要。

很多个案就是从与动物之间的关系中找到救赎的。多妮拉（Donella）一直想要养一只宠物，但是她又为自己找了一大堆不应该养宠物的借口，例如，她对猫毛过敏、目前住的是狭小的单间公寓、经济拮据买不起猫食、猫的大便难处理、看兽医要花很多银子等。然而，"9·11事件"后，多妮拉就没法专心工作了，于是她跑到"人道协会"挑了一只暹罗猫回家养。事后她说："要是没有苏菲（Sofie），我非得服用抗抑郁和治便秘的药不可。"

失去宠物的感受，比大部分人想象的，或我们这个文化一般所能了解的都要痛苦。很多个案在为失去宠物痛哭的时候总是很抱歉地说："我觉得为了宠物那么沮丧，实在很蠢！"不过，他们又加了一句："我比我父母去世时哭得还伤心。"宠物的可爱打动了我们内心深处的情感，但是身处在这个以人为中心的文化社会，我们很羞于承认这点。

在珍妮·古道尔（Jone Goodall）制作的一部名为《儿童与大自然》（*Children and Nature*）的影片中，有心理问题的儿童都被送到可以由他们自己选择的宠物学习营。刚开始时，管理员需要盯着这些小孩，以免发生虐待动物的事件。很悲哀的是，心理受创的儿童伤害动物的情形十分普遍，但慢慢地，他们开始喜欢动物，而且都挑选了自己心爱的宠物，有些人会有些迟疑不敢去碰触他们的宠物，生怕伤害到他们。过去，这些小孩除了自暴自弃外，对自己没有其他的感受，他们甚至期待自己会一不小心摧毁他们所爱的一切。当他们开始对他们的宠物付出关心，并且和它们建立关系后，他们终于体会到他们的宠物必须依靠他们才能活下去，也首次体验了对他人毫无条件的正面关怀。

动物不能按照时钟运转来作息，更别说按照计算机或微波炉时间来作息。最近，我去了南达科塔州市集，与一群展示他们饲养的牛的儿童打成一片。我心想，这群牛行动的速度和一千年以前没什么两样，但是在今天，把孩子的脚步放慢到与牛相同的速度，便可以对小孩产生治疗效果。

生命的律动会有同步发生的时候，所谓"共振原理"（entrainment）指的是生物体聚在一起时，很快就能搭上彼此节拍的一个生化法则。我们在自然世界中会很自然地放慢脚步，神奇美妙的事紧接着就会发生。去年八月，我和儿媳躺在毯子上观赏天上的英仙座流星雨，我们一面呼吸着夹带青草味的冷冽空气、数着陨落的星星，一面聊着天，上自天文下至地理，无所不谈，这天晚上是我们结为婆媳以来最畅快的一次交流。

萝拉，你已从攀岩和泛舟的运动中了解到大自然的效应。当你跟着水流的速度划进时，你的呼吸频率也跟着改变。你的感觉器官张开，闻到了树木的芬芳，也听到了流水溅开的声音。南非的科萨族人（Khosa）深信当没有人去注意日出日落和月圆月缺时，人类将遭到诅咒和灭亡。我同意这个观念，如果我们过于漠视而对"樱桃转红的月份"来临毫无察觉，那么在天地宇宙间，我们还能和什么打交道啊？

也许大自然赋予我们最大的礼物，就是让我们可以领悟到什么东西对我们最重要。理论上，我们可能在商场突然感到豁然开朗、茅塞顿开，但那里通常不是这种感觉发生的地点，在四周环境安静停滞时，灵光才会进现。

有一次，我和吉姆（Jim）跟着民谣歌手布奇·汉考克（Butch Hancock）一起去露营，我们一路开到德克萨斯州和墨西哥边界的大弯国家公园（Big Bend National Park）。公园里，仙人掌花在长如蜡烛的枝头盛开如火，野猪和土狼在柳树林、颠茄和牧豆灌木丛间徘徊觅食。那天，我们大部分的时间都驾着独木舟沿着格兰德河逆流而上。傍晚时分，我们煮着晚餐，搭好帐篷闲聊，即使先前在河上泛舟时，我和同伴之间的谈话都仅限于客套式的问答。当天乌云密布，大家也都感受到了恹恹的寒意，我的心情也很低落。就在那时，太阳破云而出，在河谷四壁上照映出如火般炫目的古铜色，布奇转向我兴奋地大叫："快来看！这就是那种真的可能发生的奇景！"我不确定布奇这句话的意思是否和我理解得一样深入，对我来说，这是个暗示。现在，每当失意时，我就会想起那天如同被火烧红的峡谷墙壁，并告诉自己："好好看看周围可能发生的美好事物吧！"

萝拉，你无法计划顿悟的发生，但是你可以建议你的个案在夕阳西下时出门散散步，在群星交辉的夜晚，裹着毯子躺在草地上看星星。然后，你十指交握，期待一只天鹅飞过月亮的脸庞，或者梓花如雪片般吹落在你个案的身上。

任何时候，只要面对心里想不开的个案，不妨考虑建议他们养一只宠物，没有什么比看到小猫咪在火炉前玩耍更能让你平静下来。经过一整天的工作，大部分的人都可以从一只忠狗热情的迎接中得到一些安慰和疏解。下次你到我办公室来，我把我最近收到的普拉西多的照片秀给你看。

失去宠物的感受，比大部分人想象的，或我们这个文化一般所能了解的都要痛苦。

抨击家庭并不能解决问题

第 4 封信

亲爱的萝拉：

安妮·狄勒德（Annie Dillard）曾说："你若整天看书，便算是善用一天了。"这句话最适合二月天，一年的这个时节，我晚上大部分时间都守在炉火旁看书。通常我会先从和工作有关的书籍和文章开始读起，一小时后，我会改读从小就爱看的凯瑟（Cather）和特罗洛普（Trollope）等人的作品。窗外天寒地冻，四野一片漆黑，偶有微星闪烁，但是屋内温暖明亮，内外对比鲜明，颇有趣味。

昨晚我翻阅一个有关快速深入治疗的案例，这个咨询方法虽然只有几个疗程，却深深改变了接受治疗的个案，读到此时，我心头一震，好一个虚假的概念。人与人之间的关系是要花时间建立的，当我们以为能在仓促的情况下给个案提供高质量的建议时，实际上已从根本上削去了我们本可以审慎思考他们处境的冷静空间。更有甚者，如果我们忽略了他们人生中的经历，而贸然提出激进的建议，且拟定浮夸的改造计划，可能会伤害到个案。

这位个案是位非洲裔美国妇人，她和一个她不是很爱的男人同居，也极讨厌目前的工作。之前，她已经吃了一阵子抗抑郁药，并对心理医生形容自己长期处于这种痛苦状态中。心理医生问起她的家族史，她提起她的母亲曾在一个葬礼中说出很刺伤她的话，心理医生便抓住她母亲的那些话不放，认定这便是造成她长期抑郁的原因。他觉得个案的母亲长久压抑她表达自己情感的能力，却忽略了其他可能的问题，例如，个案不理想的工作，犹如木头人的同居者及缺少可以倾诉的朋友。他也没有调查个案的运动习惯，是否有喝酒、吸毒的习性，或者黑人妇女在这个国家经常面对的一些重大问题。相反，他帮着个案挑起对母亲的愤恨。仅仅根据从个案那儿听来的几句话，心理医生便把个案的母亲妖魔化，来制造一个简短和深切的经验，这样的互动方式错在哪里呢？

在几乎缺乏信息的情况下，这位心理医生鼓励他的个案改写她的过去，重新规划未来的人生。他只附带讨论了一下检验主观事实的重要性，但这个事实仅限于个案描述过去发生的几句模糊不清的话。在我看来，这个是一种很麻烦的处方，那位心理医生的做法如同在蛋白酥皮上盖摩天大楼。

很多个案的人生已扭曲变形，他们主观认定的过去也会跟着改变，来找我们寻求协助是为了检验他们主观认定的事实，或者重建比较可信的事实，这也是心理医生的一个重要任务。

我不知道这个案例中的母亲是一个什么样的人，但是个案的心理医生对这位母亲也毫不知情。所有小孩对父母或多或少都有一些怨恨，没有人觉得自己被父母真正了解。我爱极了电影《YaYa 私密日记》（*Divine Secrets of the Ya-Ya Sisterhood*）中谢普·沃克（Shep Walker）的台词，在被问到"你是否得到足够的爱？"时，他回答说："怎样才叫作足够呢？"

那位心理医生做了一个不太站得住脚的假设：如果女儿不快乐，一定是她家人的错。事实上，诚实的父母不一定能教养出诚实的儿女。我认识一位心理健康的女性，她的母亲在她很小的时候就是个酒鬼；我碰到的不快乐的大人中，有一些来自以儿女为重、感情敏感的家庭；对小孩照顾得无微不至的夫妇有时特别没有儿女缘；反而粗心马虎的父母却能养出极有成就的小孩。其实，家庭中兄弟姐妹之间的关系，也可能影响一个人的心理健康状态。

自弗洛伊德以来，心理学家便将家庭视为疾病滋生的温床，我们教导心理医生要去寻找生病的动因、隐藏的遗传密码和家庭加诸在家庭成员身上的无形压力，我们也鼓励个案回想成长路上微不足道的小事、错误及他们曾被伤害或被误解的记忆片段，在重启记忆的过程中，我们甚至会"协助"个案勾起他们已经忘怀的伤痛。

当了30年的心理医生，我深知有些家庭发生过可怕的人伦悲剧：我曾经看过一名美发师妈妈常虐待她女儿；我治疗过近亲通奸的受害人和被父母遗弃的儿童；我也曾目睹一个事业有成的中年商人谈起他那苛刻的父亲时，掉下了男儿泪。然而，我相信我们怨恨家人的同时，我们也痛恨自己。

心理医生过去习惯用不健全家庭的例子来解释人类的痛苦和挫败，这种做法严重忽略了社会文化的影响——做着缺乏意义的工作、花很长时间上下班、住在单调贫困的郊区，以及对贫穷、战争、死于非命或环境灾难的恐惧等。我们还忽略了一个自上帝造物以来人类早已知道的事实——大部分人的人生并不快乐。

心理学领域中的很多理论对家庭的功能并没有好的评价。我们使用"自主"和"独立"等正面字眼来赞扬冷漠疏离，而用带有惩罚意味的"共存"和"纠结"等负面字眼来形容家人间的亲密关系。像"精神上的乱伦"这样的用语，便是把家庭中很多表现爱的行为看作是病态的，而且让人类彻底搞不清楚爱的本质。我们长篇累牍地详述家庭对人类的负面影响，却没有清楚地阐明家庭可能对我们的帮助，我们一向鼓励个案放手去追求他们的梦想，不要去理会渴求他们探望的高龄祖母、博取关注的儿女或需要支持的兄弟姊妹。

家庭或许是一种不完美的制度，但是它也是我们的生命意义、人际关系和人生快乐的最大来源。我想起一位来找我治疗的妇人，大约四十出头，她的三个儿女都已上高中准备展翅飞离家庭，她由此开始出现自我预设性的忧伤症状。她说："我多么希望能在我们家周围筑一条护城河，全家便可以守在一起不分开，往日的时光是多么快乐呀！”我记得我女儿5岁时，一头钻进她爸爸的怀抱中说：“我实在幸福得快要融化了！”

当然，身为心理医生，我们免不了要探讨个案受伤和愤怒的感觉，而且有时候，个案需要为他们在家里能容忍及不能忍受的行为设立一个限度且表明立场。但是，强化家人间的关系始终是我们的目标，即使是对来自暴力家庭的个案，我们也可以对他们建议：“找一个家族成员好好去爱，即便他只是一个搬了两次家、行踪不明的远房表兄，你还是要找到他，和他建立家人关系，每个人都需要亲人嘛！”

家族在遭遇到问题、找不到出口时，会向我们寻求帮助，这通常意味着家族至少想要解决一个以上的问题，这种方式反而使情况更糟糕。一个妻子想要博取丈夫的注意，因此她经常对她的丈夫抱怨，她的丈夫却感受到威胁，反而更加退缩；父母希望能与青春期的女儿多沟通，要她报告很多事情，女儿却因此变得更想保留，然后，父母又要求知道更多。

写到出现问题的家庭，我想到了威尔森一家（the Wilsons）。皮衣不离身的爸爸有一头红色鬈发，经常骑着摩托车到处跑，两个儿子也穿着同样款式的黑色皮衣外套，有着同样飞扬的红鬓发。这家人来找我是因为两个男孩在读到高中时都遭到退学，爸爸坚持让他们继续念书，但是儿子以不上学、不做功课来展现他们的男子汉气概，标榜他们是正宗的父子，因为他们的爸爸也是念到高中就辍学了。他们一家人在我的办公室正儿八经地大谈学校成绩及与老师的会谈。但是，有一天，我不小心在"奶品皇后"冰激凌店遇到了他们父子仨，他们正对着冰激凌上的香蕉碎片开怀大笑。吃完后，父子三人戴上安全帽、跨上摩托车绝尘而去，消失在夕阳下。看到威尔森一家在真实世界的表现，我提醒自己，心理治疗只是我们个案生活的一小部分，我们有责任不把他们生活中的其他已发展得不错的部分搞砸了。

从我进研究所读书后，我们这一行对家庭严苛的见解已稍有软化，心理学界开始有一些正面的行动，且很多临床心理医生也愿意重新思考他们的态度。在社会文化逐渐被腐蚀的今天，大部分心理医生都了解身为父母所面临的困难，我们也看到很多家庭需要的不是被解剖分析，而是外界的支持。萝拉，你仍会在指导课程、书本和教室中体验到无数家庭的挫败和创伤，我希望你处理每位个案时都要经过全盘思考。

所有家庭听起来都有些疯狂，但那是因为人类本来就有些疯狂。当我们把个案和他的家人隔绝时，我们便承担了很大的责任，如果我们剥夺了他们对家庭的信念，那我们拿什么来取代家庭呢？倘若我们连自己的家人都不相信，那么我们还能相信什么人呢？

如果一个个案告诉你，你比他妻子还要了解他时，你可以回答："但是，我没有每天早上在餐桌上看到你啊！置身事外对我比较容易，因为我每个星期只需跟你相处一个钟头，我也不需唠唠叨叨要你去除草。"若个案一开口就是"我来自一个破碎的家庭"，你可以说："我们先不要管你的家庭到底发生了什么事。"面对一个劲儿抱怨父母应该为他的自暴自弃负责的个案，你可以说："这个我们可以讨论，但是我们也可以谈谈怎么做能让你更快乐一点。"

家庭纵有再多的缺点，但毕竟是祖先留下来的制度，是真正的避风港。我们的个案失业、生病住院或需要有人出席他们的保龄球锦标赛时，是家人陪伴在他们身旁，而不是心理医生。我引用诗人罗伯特·弗罗斯特（Robert Frost）的诗句：“家，是在你需要的时候接纳你的地方。”在同一首诗中，他也写道：“家庭，你不见得有资格拥有，却不知怎地就为你存在。”

面对需要治疗的家庭时，千万不要忘记他们在没有你的协助下，早就共同解决了1000个以上问题。你可能看到了他们生命中的寒冷二月天，但寒冷的二月不会永远逗留，六月终将降临，轻轻地踏出脚步，不要去修复原本就没有破损的关系。

心理治疗没有捷径

第 5 封 信

亲爱的萝拉：

　　过去几天，我守在爱荷华州孙女家中。我们舒适地蜷卧在室内，一边看着电视上的路况报道，一边张望着窗外的大风雪，我从没有这么快乐过。8个月大的小凯特（Kate），可以取悦你了，摸她、看她或听她叽里咕噜地发出各种可爱的声音，真的很好玩。我喜欢看儿子抱着凯特跳舞，就好像昔日我和父亲相拥而舞一样。不同的是，杰克和凯特手舞足蹈时放的是凡·莫里森（Van Morrison）的摇滚乐，而当年我跟父亲跳舞时放的是艾灵顿公爵（Duke Ellington）的爵士乐。

　　我从孙女的双眸中看到了奶奶的眼神，我从她的一些手势中回想起我的母亲。在儿子家做了几次客后，我想到时光一去不复返，如果有幸，我还可以在有生之年亲眼看到我们一家七代的血脉延续——上自我的曾祖母，下至凯特将来所生的子女。我也想到我可以在凯特的人生中扮演什么角色，我希望她能够达成她的意愿，运用她的天赋造福人类。

心理学者弗兰克·皮特曼（Frank Pittman）把他人生的发展过程称之为"灵魂的成长"。个案来找我们通常是为特定的问题所困，譬如在商店顺手牵羊失手被捕、长期失眠或工作令人生厌但又害怕被辞掉而心生焦虑，他们可能因厌食或暴食、与情人间的感情不好或自己的小孩在学校成绩不好而痛苦不堪。他们通常期待的是只要花很少的心力便能很快解决问题，有时我们可以帮他们做到这点。但是，他们提出来的问题往往牵连其他，特定的问题到头来变成了更大问题的暗喻或症状。

一位母亲带着儿子出现在我的办公室，那个男孩之前因入侵学校的计算机系统而被抓。他晚上常熬夜上网玩计算机游戏，他不仅偷偷玩计算机，在交朋友和处理金钱上也都神秘兮兮，不让家人知道。母亲早在多年前便已离婚，男孩之后便再也没有见过生父，他们住的地方离其他亲戚家很远。如果想要制定解决问题的方法，就要真正了解这位母亲、男孩及他们的生活环境。

另一位下着紧身蓝色牛仔裤、上穿低胸羊毛衫、足蹬高跟鞋的女士，跑来向我抱怨她丈夫不再花时间陪她，她怀疑丈夫有外遇，"我每天都到健身房报到，体重维持到跟婚前一样"。她又加了一句："如果他真的有外遇了，我会去自杀！"我问她："你生活中除了你的丈夫之外，还有什么？"

　　深入治疗牵涉对表面怨言的处理，并且借此引出更深层的问题。有时我们需要问一些很冲动的问题，例如"你觉得自己是一个好爸爸吗？"但也需要辅以如"现在难道不是该原谅自己的时候吗？"这种带有安抚意味的问题，有些喜爱研究人生哲理的个案最后会回到著名画家保罗·高更（Paul Gauguin）提出的著名问题上："我们从何处来？我们是谁？我们向何处去？"

　　儿童的任何行为大多会得到外界的反应，而成人通常只能靠自己，没有人会对他们说："你要一五一十地告诉你妈。""椅子坐正。""头发该梳一梳了，衬衫也要换一件。""不要事情不如你意就大发雷霆。"个案在接受心理治疗时的思考、感受和行为，和现实生活并无二致，如果我们能想出他们最需要听的话，而且以他们能听得进去的方式说出来，对他们可能有很大的帮助。

然而，事情并非总是如此顺利。我曾治疗过一位公司的执行长唐纳德（Donald），他把别人看成是来服务他、讨好他的有趣物品，唐纳德的问题是，跟他交往的女人最后都离他而去。刚开始他能很轻易地吸引女人，甚至把她们骗上床。但是，过一段时间后，正如他自己所说的，留下来继续交往的只有那些用感情来换取金钱的女人。在一次治疗结束后，唐纳德递给我100美金说："不用找了。"当时一次治疗收费45美金，我把该找的钱硬塞给他说："你到底想干什么？"

我对他提出一连串的问题：世界上有什么人是你真心喜爱且尊重的？到底有没有人关心你？百年以后，你有没有什么事迹值得让人怀念的？这个世上没有你，到底有什么差别？

但是，我和他都失败了。唐纳德有一套"赚钱第一，感情第二"的价值观，他崇拜唐纳德·特朗普和比尔·盖茨，却把自己的父母和成年的兄弟姐妹当作逢年过节不得不拜访一两次的讨厌人物，周遭没有多少人会提起他，并对他表示好感。我在抛出"你想要过一种什么样的人生"的问题时，的确还对他心存一丝希望，他却以近乎哀伤的眼神望着我说："我的一生终将落得无足轻重的下场，充其量只是腐蛆口中的一团尸肉。"我想如果他继续留下来接受治疗，这会是一个可以继续讨论的问题。可惜，他嫌我治疗得不够快，便不再来了。结果，我变成了另一个令他失望的服务员。

初踏入心理治疗这一行时，我们受过的专业训练要求我们变换不同的方式来问问题："别人怎么待你？你对他们的态度有何感受？"数十年后，我的工作逐渐演变成帮助个案思索他们的行为对他人产生何种作用，现在我可能会问："你怎么待别人？你让别人有什么感受？"

成功的心理治疗应该能重整个案内心世界的风景，个案经过治疗后能有一个不一样的人生，且他们的行为也会发生改变。习惯在愤怒时出现暴力行为的个案可能知道，他们的愤怒其实是可以坐下来讨论解决的。人常有不同的想法和感受，妻子可以接受丈夫以帮她跑腿做一些杂事来表现对她的爱；女儿能体会到她的父亲可能永远无法变成她心目中的理想典范。但是，不管怎样，他们之间相处得很愉快。

一切的重点就是要保持平衡。我鼓励焦虑怯弱的个案变得更坚强大胆，我也试图帮助男子汉气概十足的男子多加一点温柔和感情。我记得一个名叫肯恩（Ken）的男子，他永远没办法克制自己对酒、色、赌的迷恋，我鼓励他放慢脚步，问他："在饮酒、赌博和与陌生女子发生一夜情之前，你可能问自己什么问题？"我也教肯恩每天花几分钟心无旁骛地独坐，放慢呼吸频率，全心全意注意自己的感觉。肯恩很怕脚步慢下来，当他终于做到时，却因为发现自己内心世界的荒芜而沮丧不已。历经几个星期的悲伤情绪，他开始能够作出稍微理智一点的决定了。

很多思维僵化的人认为，唯有使用极端的方法才可能解决问题，我敦促他们多考虑其他选择。我问他们："这个问题有哪些是你忽视的层面？你是否会怀疑别人对这个问题可能有不同的见解？"有一位老人的独子从不来探望他，他只能想到两条路：登报声明跟儿子断绝父子关系，或是死后把财产全部留给他。我问老人："难道你不能只留给他部分财产？你也许可以告诉你儿子你很寂寞？"

我要求整天汲汲营营的个案放慢脚步，要求生活乏味的个案找一些事情做；我激励软趴趴、懒得动的个案找回活力，安抚老是因肾上腺分泌过多便冲动行事的个案静下来；有时需要帮助伤心的个案把内心的愤怒发泄出来，我让他们从列出10件让他们生气的事情开始；我建议感情冲动的人在行动之前深思熟虑，鼓励做事瞻前顾后的个案积极采取行动；我试着帮助自私成性的人多为别人着想，劝导习惯自我牺牲的人对自己好一点，和个案一起寻求美好的中庸之道。

几年前，我到日本演讲，发现日文中有许多词可以同时表达两种甚至三种感情，这让我印象深刻。在英语中只有一些词有几种意思，如苦中带甜（bittersweet）或者又酸又辣（poignant）。然而事实上，我们大部分时间都有一种以上的感受：一方面，每次和家人聚完会后，我总是松了口气，很高兴地回到自己的车上；另一方面，我又有种离别的愁绪。我对先生发火的同时，心里却怜惜他可能已经尽了全力。看到落日西沉，我的心也感受到了两种震撼：既惊叹夕阳美景如斯，又伤感生命的短暂。即使英语中很少有这种带有情感的词汇，我们仍可帮助个案描述他们千丝万缕的复杂情绪状态。我们可以问个案："你现在还有什么别的感受？"经这么一问，我们便把问题带入另一个层次。

英国知名女作家伊丽莎白·勃朗宁（Elizabeth Browning）曾写道："天地间充满了天堂。"年纪越长，我越能珍惜人生中的各种风景，也愈发珍惜上苍赐予我们在这个有青山绿水、蓝天白云的星球上生活的机会。对我来说，最大的悲剧是，当美丽的事物正要繁衍生长时，半路又杀出了一个程咬金。

我希望我的孙女凯特能如鲜花一般盛放，成为一个热爱世界并努力拯救世界的有用之人，我对所有个案也寄予同样的厚望。我从那个老是嘴巴叽里咕噜、手舞足蹈的孙女身上，的确比较容易看到人类的未来。但是，在那个本想留给我丰厚小费的公司执行长，以及那个老是抱怨父母的青少年身上，我也同样可以找到这种潜能。

萝拉，我们每一个人都有想要向上的潜力，只要有人肯花时间帮助我们把它们发掘出来，并加以灌溉，它便能开花结果。

成功的心理治疗应该能重整个案内

心世界的风景，个案经过治疗后能有

一个不一样的人生，且他们的行为也

会发生改变。

把握好思考、感觉和行为三者之间的联系

第 6 封信

亲爱的萝拉：

我现在可以分毫不差地勾勒出我母亲的双手：手背因太阳长期曝晒变成褐黄色，雀斑和老年斑星罗棋布，上面还爬满了如蛇般的青筋，指甲剪得平整素净，指甲油丝毫不沾，薄如纸、几近透明的皮肤轻柔地覆盖着手背骨。我之所以能描述得如此细致，是因为我的这双手已经变成我母亲的手的样子了。

逝者如斯，不舍昼夜。无论在家庭或职场，总是后浪推前浪，世代不断交替，很多伟大的心理医生不是退休便是告别人世。有一段时间，不少心理医生凭着自己独特的才干和魅力崭露头角，我能想到的就有弗里茨·皮尔斯（Fritz Pearls）、卡尔·惠特克（Carl Whitaker）、萨尔瓦多·米纽庆（Salvador Minchin）及维吉尼亚·萨提亚（Virginia Satir）等人。我们这一行公认的最伟大的心理医生米尔顿·艾瑞克森（Milton Erickson）能用一种滑稽好笑的视角轻易解开一些复杂的问题。有一次，他指导的一个心理医生心里烦恼不安，米尔顿给他催眠后，建议他去爬一座山，结果成功地改造了他。

我年轻初入行时，忍不住尝试使用了一些旁门左道，但后来我逐渐明白精心设计的策略、撒谎的伎俩和似是而非的复杂论调，实在不像我的风格。我长得既不性感也不轻浮，单刀直入的方法更不容易让我和个案感到慌乱。我以自己愿意接受的方法来治疗个案，只有在这些方法都不管用后，我才会采用一些需要用点心思的技巧。

当我做足了基本功夫，成功治好个案时，我高兴得大加庆祝，也记下所有让人欢乐和苦恼的事情。我几乎会给所有个案指定一些家庭作业，我给出的功课不外是好好玩一玩、做几件善事及多运动运动。每次治疗结束前，我都会留几分钟和个案讨论相处的一个小时的感受，我会问："你对今天我们互动的方式有什么感想？这次互动对你的问题有没有一点儿帮助？"

在进行心理治疗期间，我一概不接电话，也不准个案开手机和呼叫器，个案如果急匆匆、神情紧张地走进来，我会建议两人在开始对话前，先一起静静地坐一会儿，做几次深呼吸。同样，个案若低头饮泣，我会等他们心情平复后再谈。心理治疗不是无线电收音机，我们不需要让空气中分分秒秒都充斥着声音。有时，在寂静中反而会发生一些令人意想不到的事情。女个案可能会在轻轻叹口气后，承认自己对丈夫已不再有感情；男个案则会轻声低语地说：这个秘密我还没有告诉过任何人，然后便呜呜地哭了起来。

"灵感"十分礼貌周到，它总是轻轻叩门，若我们不应门，它便一溜烟地走掉了。美国以外的世界喧闹不安，在以纳米计时和电视娱乐充斥的时代，心理医生却在真实的时间环境下工作，套用我的朋友薇琪·鲁宾（Vicki Robin）的话："我们让人放慢脚步到理智的速度。"我们的声调、措辞、脸部表情和身体姿势都传达着这么一个讯息——我们与个案站在同一阵线上，"无论发生什么事，我们都可以共同处理和解决"。

在这个行业，坚持不懈是一个常常被人低估的优点，因为心理治疗的某些部分涉及的就是一些单调乏味的差事。例如，阅读有关女性暴饮暴食的期刊、和患抑郁症的大学生讨论运动的功效、与一个母亲共同检讨她对休闲时间的管理和运用，这些工作绝不会让你感到自己是在变魔术，或在录制令人印象深刻的录音带。但是，它们就像刷牙或吃新鲜蔬菜一样，对我们十分重要。

一个人的改变如果好到不太真实，其结果也可能真的是一场空。正如天下没有免费的午餐一样，在我们这一行也没有不付出努力就能获得改变的好事，我比较喜欢渐渐累积发生的转变。在这一方面，铃木博士是我学习的榜样，他创造了一套教导儿童演奏古典音乐的方法，他发现如果每次只设定一个足够小的目标，任何人都可以进步，甚至达到精通的境地。我们大多数人不会尝试一步登天，因为其结果常常是从高空跌落下来。我们进步的诀窍在于找到正确的步伐，既能敦促个案向前行，又能保证个案跨出去的每一步都能成功。

一个老是拐弯抹角的人常常会发现自己总是在同一个街区里绕来绕去，我常鼓励个案说："不要走太急，但也不要停下来。"同时，我也以赞美的方式来达到我预期的目的，我可能会对有心理障碍的青少年说："我真的希望看到你即使感到疲累也照样上学读书的样子，因为这代表你真的成熟长大了。"

我也会问："过去什么方法对你有用？"我的一个患有慢性心理疾病的个案告诉我，她换了一个新的精神医生，她的病历堆在他桌上足足有两尺高，但是医生看都不看，就直接问她："你以前服用过的药物中有没有哪种你觉得是有效的？"我的个案回答说有，并且把药名告诉医生，医生照单开了处方，她服用之后，情况立即获得了改善。

我会在问题中注入正面的观念和建议，例如，"你要怎么用你的力量去解决这个问题？""你怎么知道你真的有一些进步？""你每天笑几回？""你的好朋友有可能改善你的情况吗？""如果你不再让你的小孩主宰你的生活，你会有什么变化吗？"

我常常要个案给我看他们家人和他们生命中重要人士的照片，通常那些人看起来与我先前想象的，或我的个案过去描述的不太一样：原来那个有如魔鬼般的父亲看起来只是一个生病的老人；事事干预做主的母亲其实只是一个瞧不起自己，但又一心想讨好儿女的妇人；那个英俊潇洒的男朋友是一个看起来不修边幅、完全没有吸引力的居家男子。照片常常会让个案陷入回忆，也会迸发出新的观察角度和不一样的情节。通常在看了照片以后，我和个案都感到能更容易理解他们与家人之间的关系了。然而有很多次，个案自己明明在照片中笑得很开心，却对我说："其实照片中的我当时很痛苦。"然后，他会吐露一些秘密，我才相信拍照时的他的确有很多真实的或象征性的装模作样。

有时我们也必须给个案一些挑战，譬如，我不得不说："如果你继续抽烟，我不准你再开校车。"或者"你家都是你妻子在做家务，你觉得这样公平吗？"运用这个技巧时，要注意你说话的声调，温柔关怀的语气带有挑战意味，但不至于破坏你与个案之间的温馨关系。

为个案重新定义他们的处境可能会激发他们的改变。如果一对母女老是吵个不停，我可能会说："看起来你们俩一直在下功夫，让谁也离不开谁。"对一个顽固的小孩，我会说："这种不屈不挠的个性如果好好运用，对他以后的人生会有帮助。"对一个老是抱怨妻子把早报搞得七零八落的男人，我可能回敬他："你妻子每天借此给你一个可爱的暗示，提醒你，你其实并不孤单。"

我也从工作中学习到了如何处理自己的感受，如果我觉察到自己没有办法克制自己不在个案面前打哈欠，我会扪心自问："是不是个案说话时不用大脑，或者他们一直在重复我之前已听过的老掉牙的谈话？"有一次，个案在治疗中像连珠炮般不停地说些无用的话，我对她喊停并直截了当地说："我感觉到这样的聊天翻来覆去都是同一类型，到底怎么了？"我的个案突然静下来，有好一会儿，看起来好像被我枪毙了一样。过后，她轻轻地、第一次说出"我想要离婚"的真心话。

萝拉，随时注意自己的感受，并且在治疗中要善于运用自己的感受。你对个案的反应，最有可能也是他人的感受。如果有人约好了时间却不出现、老是迟到、忘了付钱或忘了做功课，这些其实就已透露了个案的人际关系为何会出现问题。

我们可以帮助个案透视时间的三角镜——过去、现在、未来。过去预告我们人生的每一阶段，我们对一个饮食失调的年轻女子强调"没有人能独自用餐"后，可以问她："你父亲处理压力的手法，是否会让你想起你与自己女儿的相处模式？"或"你今天的抉择如何影响你未来的前途？"

思考、感觉和行为是人类活动的三部曲，但是人类的活动常被区别、划分，活动之间的点也没有被连成线，因此这种区别、划分、切断相互间关系的做法十分危险。个案可能感到愤怒和沮丧，但是，他们没有把那样的情绪和饮酒过量及看太多的电视连在一块儿。

我们的绝活是帮助个案找到这些行为间的关联性。"你会不会觉得你的沮丧和你削减工人的福利有关系？""你知不知道你虽然很想你儿子，可是，你其实并没有花多少时间陪他？""你有没有注意到每次你妻子离开镇上时，你就打起扑克牌？""你有没有观察到你每次谈到女儿时，总是双手合抱在胸前？"

如果说一家房地产中介公司经营成功的窍门除了地段还是地段，那么我们心理治疗成功的秘方除了关系之外，还是关系。我们需要把人的各种思考、感觉和行为连接起来，我们也希望个案能与我们、他们的家人及其他人发生互动和建立联系。我想起一个名叫米莉安（Miriam）的个案，她极度敏感、感情充沛，总是为心中的焦虑所苦恼，总把自己关在家里。她喜欢分析自己的情绪，但事实上，她最需要的是做些不一样的事。我鼓励她采取一些微小但勇敢的行动，例如，走到离家几条街的杂货铺、打电话和朋友聊天。她需要的是多思考，而不是凭情绪过完一生。我建议她把她的感受及触发这些情绪的不理性想法写出来，然后，她可以写下或许能让她感到好受些的理性想法，我还鼓励她学瑜伽。

我们可以借着了解人类感情、行为和认知的三角关系来改变治疗的方法。任何时候，只要个案的倾诉太偏向某一方面，我们就得把问题转到其他两个方面。另一个很有效的方法是，把个案的现在和过去或未来扯上关系。

在悲伤的情境下，与个案谈谈欢乐的时光，可能会有治疗效果。我母亲离世前在医院躺了好几个月，她成天呕吐、无法睡眠，身心痛苦不堪，我在医院陪宿直到她生命的最后一天。有一天，我无意间想到一个游戏：假装她不在医院，而是去郊外露营，就像以前我们在落基山脉踏青一样，我告诉她竖起鼻子、闻闻松树的味道、吸几口冷冽的山间空气，最后她的呼吸器发出的气泡变成了瀑布，病床成了睡袋，房间的天花板也开始群星闪烁，她笑开了，并且流连在数星星的游戏中。

我们这一代的浪头很快就要被拍打上岸，碎成片片浪花。萝拉，再过不久，你也要接手我现在正在做的工作，我希望这些忠告能帮助你，让那些来找你问诊的人的生命更加丰富和美好。

一个人的改变如果好到

不太真实，其结果也可能真

的是一场空。

痛苦洗礼下的成长

第 7 封 信

亲爱的萝拉：

　　我和吉姆刚结束每年一度的沙丘苍鹭观赏之旅返回家中，这次出游期间天气阴冷、淫雨霏霏，除了偶尔看到火红盛开的木兰花外，整个内布拉斯加州都罩上一层大地的色调，即灰白、棕黑、黄褐和灰色的混合色彩。大部分人都在抱怨天气不好，但我认为没有不佳的天气，只有不合季节的衣服，我总能欣赏穿上五颜六色的戏装的大地风景。

　　昨天有将近50万只苍鹭聚集栖息在普拉特河，这种生物存活的年代几乎和落基山脉一样久远。早在内布拉斯加州还是内陆海时，它们便已飞越此地南迁北徙。苍鹭白天飞舞在玉米田间，日落黄昏后，他们便成千上万结队飞向普拉特河，各自聚集在静谧的河上形成一窝窝黑岛。他们发出一种很奇特的叫声，自然学家保罗·格鲁乔（Paul

Gruchow）将之形容为一种在你出生之前就听过的声音。我在观察它们这一项古老的仪式中找到了慰藉，这群候鸟让我学会了从宏观的角度来看待我们卑微的生命，但并没有让我觉得自己渺小，反而让我觉得自己是组成无穷宇宙的一小部分。

多年前，我有一个个案名叫罗莲娜（Lorena），她是个爱唱民谣、喜欢跳民间舞蹈的社区工作人员，身为单亲妈妈的她带着三个小孩住在我们家附近的一个最穷困的社区里。我是在她所谓的诸事不顺的"凶年"认识她的，当时她的小女儿在学校突然发病，后来被诊断出得的是羊癫痫。接着她的一位密友死于乳腺癌，她的父亲又在赶公交车时突发心脏病去世了。第一次见面时，她一直哭个不停，治疗结束后，她终于擦干眼泪，向我道谢说："我当时就想接受心理治疗，我需要来看你！"

有一阵子，罗莲娜沉浸在哀痛中无法自拔，她形容自己像一个疲惫不堪地走在灰蒙蒙的迷雾中的人。然而，她是个坚强的女人，最终学会了接受自己所有的感受，不再逃避。

很多人都有遭逢厄运的时候，我记得曾有一个库尔德族的女难民因为工作问题找过我，因为长时间在冰冷潮湿的肉类加工厂打工，她的胸和背疼痛不堪。我说了一些类似"我知道这段日子对你来说不太好受"之类的安慰话，她竟回答说："我这辈子没有一天好受过！"

　　我曾在《另一个国度》（*Another Country*）中写过一位名叫爱尔玛（Alma）、双耳渐聋、双眼因糖尿病而失明的80岁孀居老太太，她和62岁重度智障的女儿同住在一栋小房子里。她总是兴高采烈地做她分内的事，邮差、邻居和居家护士都成了她的好朋友，她常拿自己的家人开玩笑，而且不是玩假的，连我偶尔路过拜访，她也不放过我。事实上，这还是第一次有人把一压就会发出哈哈笑声的垫子放在给我坐的椅子上。然而，爱尔玛还是很担心万一她早走一步，她的女儿怎么办。

　　如果你分分秒秒地盯着这个世界，你会发现你周围有一大堆痛苦的事物。

　　我想起个案满面泪痕的脸庞，如果不哭的话，从外表来看，这是两张长得完全不同的脸：弗朗西斯卡（Francesca）

在历经一场残忍的约会并被强暴后来接受心理治疗的脸、苏安娜（Sue Anne）因丈夫自杀找上我时的脸。前者长得漂亮动人，一头深色秀发，在地区大学里负责一项收费教育计划，她精于世故，且能言善辩，几乎可以不用我的协助就可以处理自己的伤痛；苏安娜则是个个性外向的红发女子，她的职业是客服，平日自以为聪明，不习惯在他人面前谈及自己的私人感受。好几个月里，我固定在每个星期二下午3点去看苏安娜，而在下午4点对弗朗西斯卡进行治疗。

在治疗的过程中，这两个人的表现有很多相似之处：她们痛哭不止、气愤难平，且十分担心自己的小孩。我永远不会忘记弗朗西斯卡描述她被推到水泥墙边，撞断了好几颗牙，以及全身发冷、准备受死的可怕经历。我也难忘苏安娜提到她向5岁的双胞胎儿子宣告他们父亲的死讯后，其中一个还天真地问："但是，他明天还是会回家的，对吧？"

弗朗西斯卡和苏安娜两人都背负着极其沉重的心灵负担走进了我的办公室，但是和爱尔玛一样，她们终能走出自己的苦难经历。她们会发现不幸的遭遇固然能带来巨大的伤痛，且能永远改变她们，但事情也不全然都是坏的，也有好的一面。弗朗西斯卡发现她比原来想象的还要坚强，她说："如果你能过得了人生这一关，就没有什么活不下去的了。"

苏安娜也了解到她不应该为丈夫的死自责，不管她是一个多么失败的妻子，她的丈夫都要为自己选择轻生而负责。她发现在和别人分享自己的感受后，人也变得轻松了。她很早以前就放弃了心理治疗，这次我希望她能记住在治疗中学到的人生道理。

这个世界上多数的疯狂行径——暴力、吸毒和狂热的宗教活动，都因逃避痛苦而生，世上很多数一数二的凶狠角色和最残暴无道的杀人魔，就是因为不敢去面对痛苦的情绪，才会采取非人的行动。唯一比痛苦更糟糕的事是，对痛苦毫无感觉。健康的人会面对痛苦，感到伤心时就大哭一场，生气时心里也清楚自己陷在愤怒的情绪中，他们不会假装自己只有一种情绪，他们会观察和描述自己的情感变化，也不加以评判。

当然，事情哪有那么简单。我也见过我无论怎么做都安慰不了的个案。我曾治疗过一位女性长达数月，她自小父母双亡，迫切渴望被人关爱和照顾，自我防御力极强，如同一只刺猬。我若不主动刺激她、攻击她，一小时的治疗简直撑不下去。她离开诊所时，所有的痛苦还是没能消化沉淀，同时她也对我感到生气，认为我只是又一个令她失望的人。

我对健康的人的定义是，可以从各种经验中学习和成长的人。曾历经丧妻和白发人送黑发人伤痛的诗人罗伯特·弗罗斯特到老时，对人生总结出几个字："人生还是要过下去！"

我心目中的英雄是我的姑姑，她80多岁，她的丈夫长卧病榻，儿子在她的前院割草时突然暴毙身亡。我听到噩耗之后打电话过去慰问时，她已做好调整，并告诉我说："死者已矣，我们只需多照顾生者就是了。"

萝拉，谈了这么多，并不是要你从这些个案的经历中学到什么，也并不是让你视他们的痛苦为无物。我也会为罗莲娜、弗朗西斯卡和苏安娜感到心痛，但是，只需假以时日，他们都能找到平复情绪的方法。

希望这封信能鼓励你去观赏苍鹭的生态环境。站在桥上观赏栖息在水边的苍鹭时，我们不得不跺脚以驱赶寒意。夕阳西下后，一轮如水银灯般的半月照映在普拉特河面上，映照着苍鹭所在的岛屿，冷风吹过树林，我们静听着苍鹭的喃喃低语，脸被寒气冻得麻痛。在回家途中，当我们坐在温暖的车内分享奶酪三明治和苹果时，却感到非常美好，还有一种与大自然母亲重新交融的幸福感觉。

快乐指数自己定

第 8 封信

亲爱的萝拉：

　　4月是我最喜欢造访欧札克山区的季节，羊肚菌已开始发出嫩芽，菩提的枝芽陆续钻出，粉白夹杂的山茱萸铺天盖地开满了山丘，看起来好像一支极大的棉花糖。我一如既往地在周六晚上来到"老田园歌友会"看不收钱的节目，艺人在歌友会的表演厅里演奏乡村老歌和乡下特有的喜剧，男女老幼从5岁到95岁都在台上踏步合跳木鞋舞，而艺人的亲友们穿梭于观众席间贩卖热狗、薯片和堪称全国最好吃的葡萄干派。

　　老田园歌友会已成立多年，我表哥史提夫（Steve）是创始会员，他的老友约翰尼（Johnny）在台上说说唱唱、娱乐嘉宾，说的笑话大半和我表哥有关，他称呼我表哥为"微笑老史"。约翰尼和史提夫三十几年前读高中时，便是摇滚乐合唱团的队友。如今，约翰尼罹患了一种退化性疾病，颈部以下全部瘫痪，靠氧气机维生，双眼几乎全盲，他的大部分时间就是躺在医院与呼吸道感染作战。但是，如果身体状况允许，他一定会回到舞台上表演。约翰尼的父亲帮他套上西部乡村服饰和牛仔靴子，并和其他艺人一起把他抬到椅子上，约翰尼打头阵致词开场欢迎观众并主持节目。

在无法行动且逐渐失去语言能力后，约翰尼开创了一种以音乐为重心的人生，他还做起欧札克山区式的心理辅导。很多同乡到他家聊天，临走时每个人心里都觉得好受些了，因为他们想到约翰尼一身病，尚且能够如此龙马精神地过他的人生，他们当然也可以挺过去。

约翰尼的经历告诉我们一个结论——"幸福与否和财富多寡几乎无关"。有钱人并不比穷人快乐，人类倾向于保持某种程度的快乐，不管情况如何变化。例如，中乐透大奖或被诊断出得了癌症，也只能在很短时间内改变这种快乐指数。我的叔叔欧提斯（Otis）就说："大部分人感到快乐的程度，和他们决心要让自己多快乐的程度差不多。"

研究表明，我们花越多时间陪伴他人，我们的感觉会越好，朋友在决定我们幸福与否方面扮演着重要的角色。令人惊讶的是，男性和女性感到快乐的程度无甚差别，这项发现和女性通常更容易感到沮丧的研究结果不一致。然而，女性表示她们能感受到更多的欢乐，而且她们的情绪状态也比男性更强烈。

若以群体来论，结婚的人比单身的人更快乐；有信仰的人比没有信仰的人更快乐；确定目标努力奋斗的人比漫无目的人更快乐。事实上，人追求目标的过程比人真正到达终点更快乐。弗洛伊德曾经这么形容过一个人"被成功所毁"，我也注意到，人一旦达成所有心愿，他的心中就会产生一种好笑的悲凉和空虚。除非重新确定对他有意义的新目标，否则他会一直感到失落。

我常建议情绪沮丧的个案到慈善厨房做义工，后来他们都振作起来且感觉比以前更幸运。我曾经安排一个极度叛逆的少女加内特（Garnett）到安养中心工作，她的个性过于固执，硬是不肯对护士推荐给她的好脾气病人伸出援手；相反，她选择了生性刻薄、老爱跟人吵架的80多岁老人巴特勒（Bottler）作为她的服务对象。有好几个星期，加内特用她独门的手法来打击巴特勒，包括看MTV频道把音响开得太大，主动提议要帮他把指甲涂成黑色，硬塞给他《滚石杂志》（Rolling Stone）及花生酱、酸瓜、火腿等她个人偏爱的食物。起初那个老人苦苦哀求护士把加内特赶走，护士也按照他的吩咐要求她不要再来了，但是她还是偷偷地溜进来看他。经过几番交手后，巴特勒终于败下阵来，并开口和加内特说话。不知不觉，两个人最后竟成了好朋友。这个成功的试验是我对加内特的心理治疗的一个好开端。

鼓励个案培养一些良好的行为习惯，是我们可以为他们做的好事之一，这包括按时服药、按摩和运动，或是遛狗、上班途中买一杯咖啡、在人造喷泉旁边用午餐、与心爱的人共进下午茶、每星期和朋友一起慢跑一次、每月固定探望祖母一次、每年与老球友欢聚一次、背着背包爬一次山等。这些固定的仪式总是能带给个案一些特别的期待。

泰德·库瑟（Ted Kooser）所写的《风土奇观》（Local

Wonders）以一句波西米亚谚语开头："当上帝希望穷人高兴时，会先弄丢他的驴，再让他失而复得。"即快乐的人生不是生活中没有悲剧发生，而是我们要对自己所拥有的一切心存感恩。诗人比尔·克罗伊福康（Bill Kloefkorn）就说："无所求、无所为而为，快乐自会找上你。"

我告诫个案，世间有很多种不同的爱，不要仅局限于爱一个人，拥有好朋友，和邻居、家人保持亲密关系都十分重要。我也告诫他们："不要只培养一种嗜好或仅有一种谋生方法，要像绩优的股票组合一样，凡事都要分散风险，保持多样化。"快乐与幸福来自明智的抉择、正直诚信的美德、充沛的活力和勇气。简而言之，快乐和我们的人格结构、工作、健康、人际关系息息相关。

萝拉，很多人读到这里也许会说："哎呀！这我老早就知道了。"但事实上，我们的社会文化在快乐的定义上总是误导我们，心理学家对这种误导也难辞其咎，特别是在20世纪60至70年代，心理医生一直在倡导一种浅薄的快乐——只要管好自己的事，快乐自会上门。

现在我们可以推翻过去的主流文化，并建议个案去寻求简单的满足或一个他人认为不怎样的目标，而不是去追求天堂般的幸福。天堂般的幸福若能得之固然可喜，但是简单的满足是能凭自己的努力获取的。古老的趣味俯首皆是——围着炉火谈天说地、共享餐点、读一本好书或听一场美妙的音乐会，管它是非洲鼓乐还是巴哈的协奏曲。

当我想到快乐这个字眼时，盛装的约翰尼不靠呼吸器、把发亮的机器摆在一旁待命的情景便浮现在我的脑海里，他老拿史提夫开玩笑，逗得全场观众和艺人哈哈大笑。同时，他也极有技巧地为那些遭火灾或儿女生病却无钱送医的可怜人募捐。我不时想起他闭着眼、听《*Orange Blossom Special*》这首老歌时不停点头微笑的样子，以及后来他母亲一口口喂他葡萄干派时，他吃得津津有味的模样。

世间有很多种不同的爱，不要仅局限于

爱一个人，拥有好朋友，和邻居、家人保持

亲密关系都十分重要。

如何在心理治疗中巧用比喻

第 9 封信

亲爱的萝拉：

昨夜一场反常的暴风雪侵袭了林肯市，前一天气温才升到10℃且天空蓝得发亮。在割草扒土时，我还可以听到雁群排成不规则 V 字队形北飞时传来的鸣声、一只红衣凤头鸟在我的海棠树上宛转轻啼。但今天，我只听到乌鸦在呱呱呱地叫着，我们又得重新把雪铲找出来除雪了。

春天代表希望、新生和欢乐。不只诗人，其他人也有比喻的天性，我爸爸提起有钱人总说他们"生活奢华得好像贩卖私酒的浸信会教徒"，我的姑姑管电视机叫作"配上香菜的肥料"，我的一位邻居如此形容他超级好运的儿子"掉进一桶喂猪的馊水里，爬出来后却新袍加身、无比光鲜"。

尼采曾说："事实是一支随时移动的比喻大军。"好的心理医生随时拎着一只装满精美隐喻的工具箱。我们可以把人生比作一本书、一段舞蹈、一段旅程、一天24小时、一场智力竞赛、一首歌、一段阶梯、一场盛宴、一个无期徒刑或一座花园。在我看来，最好不要把人生比喻成一场战争或一项运动，这种使用过度的类比扭曲了我们的世界观，把人生框限在竞争、暴力和输赢上。虽然这个比喻有一部分是事实，但并非是建构人类经验最有效的方法。

一开始我用"切到手指"这个比喻来向个案阐释放轻松、尽情体验自己的真正感受的重要性。我对一个认为男儿有泪不轻弹的中年银行家说："如果你切到手指流血了，也许你不喜欢见红，但那是健康身体处理伤口的机制。"个案若是一位学术成就很高但并不快乐的教授，我可能会说："你可能各科成绩都拿最高分，但是你的人生还是被当了。"面对一个年薪50万美元，但要面对家人的不满和郁郁寡欢的下属的主管，我可能会借用女笑星莉莉·汤普林（Lily Tomlin）的台词："你可以在'不是你死就是我亡'的商场竞争中大获全胜，但你终究仍是一只可怜的耗子！"

我对一位与脑部受伤的父亲同住的女工说："你是沙漠中的一朵奇葩，只需一点雨水滋润，你便可以绽放出美丽的花蕊。你虽然十分坚强且能够自力更生，但多一点雨水总会有帮助的。"对一个即将犯下大错的个案，我则说："如果你执意要去跳崖，我会与你保持联系，你坠下时，我们可以好好谈谈，但是我没办法阻止你将在谷底摔得粉身碎骨的命运。"

但是，这种比喻的办法也有在个案面前当场栽跟头的时候。有一次，我对一个脑筋死板的个案说"人生好比一段旅途"，他回答："对不起，我今年没钱去度假。"那些母语并非英语的难民或其他人听到这种比喻就有点不知所云的感觉，甚至连简单如"人生有如玫瑰花床"的比喻，他们都可能进一步问出"美国人都睡在花丛上吗？"这样的问题。

我使用的比喻有些牵强或老掉牙，但最好的比喻会像鹅卵石一样，随着岁月的淘洗，愈用愈圆润，且愈纯真。

我一直在想你的一个个案描述他坐在独木舟上，突然被一条鲨鱼用利牙咬住缆绳拖下水的梦境，你帮他把梦解得很好，这个解析也可以延伸成这个梦的隐喻。你的个案现在正陷在困境中，任凭他多么用力地划，他的小船也会很快被拖翻、被鲨鱼团团围住。我们可以用诸如"你比鲨鱼游得更快"或"你瞧！小岛就在前方不远"等比喻来为他解答。

梦境通常可以提供经济实惠的比喻。我不擅长解梦，通常我都要个案自己去解读他们的梦境，我让他们细说梦中出现的每个人物，问他们对梦中发生的事的感觉，以及他们在描述这些感受时，脑海中会联想到现实生活中的什么事情。通常在梦中高声叫喊的内容都具有很深刻的象征意义，我建议你的个案重复大声说出这些话，并要他们诠释这些话的意义。

年近30岁的英语专业学生娜塔莉（Natalie）不管担任什么职务，与同伴之间的关系都不能维持太久。她常梦见自己没办法走路，有时是地上撒满了滑油或黏胶，有时是她的腿变成橡胶或瘫痪了，或者她脚上穿了铁靴或身体被绑在石头上。她常在梦中大喊："哎呀！我不能走了。"这个简短的梦就成为我探讨她处境的捷径。当娜塔莉逐渐找到生活的节奏时，她做的梦也反映了这样的进展，而这些梦境其实是丈量她离目标有多远的尺子。

另外一个个案叫亚瑟（Arthur），他长期面对一堆厚厚的账单、停车费和未回的信件束手无策，他不但丢了工作、女朋友，连车钥匙也丢了，日子过得拖泥带水。不是迟迟不下决心，就是根本不作任何决定，大大小小的机会不仅绕过他，且重复在他周围打转。亚瑟形容自己是一个"没有双手的人"，我给他布置的功课是："这个礼拜内，只要你用到双手，你都要记录下来。"

7岁大的玛莎（Martha）是家庭性侵的牺牲品，她称自己是一只有些破损的泰迪熊，她说："我里面的填充毛都掉出来了，我好脏，没有人要。"

当个案把你给的比喻加以美化修饰，并用它来描述他们自己的体验时，你便知道这些比喻发挥效用了。到了治疗的尾声，你和个案之间的对话多半是比方来比方去。我可以问："你这星期和你的双手共事了吗？你的独木舟放在水面上了吗？"而个案回答："我梦见我可以走了"或"我的泰迪熊交新朋友了"。

家庭成员常常会挑选某件物品来代表自己，这些带有图腾意味的物品被对待的方式就暗示了他们的家人是如何对待他们的。我的邻居养的老科克犬不但瘸脚、眼半盲，且容易动怒，但是它极其受宠，邻居成天口不离狗，因为这条狗是他们全家人共同喜爱的一分子，喂它吃的烤肉和糕饼便是爱的象征。最近我在飞机上碰到一位老太太，她一路捧着一个饰有天使模样的巧克力蛋糕，且全程一直把蛋糕摆在大腿上。她对我说："这个蛋糕是用爱烘焙出来的。"

有一次，有一家人在我面前大谈爱、克制、距离等所有与人类相关的问题，但他们谈论的主题是车子。我们一起花了好几个钟头谈论谁能开那一辆车去哪里，最后我实在受不了，很想大叫："你们可不可以谈一些周日到底轮到谁洗车之外的话题？可不可以不要再继续辩论你儿子开车超速的事？"我试图把他们导入更重要的议题。最后，我终于明白他们早已进入问题核心，关于谁该开车上班或谁该加油等的争辩，其本质就是权力、责任和分享的问题，一旦得到妥善处理，家庭的问题也随之解决。

当直截了当的言语开始引来争辩，或者无法触及最核心的问题时，就是该借用比喻的时候了。比喻的用法有一种填填看的特质，会激起更多富有想象力的回应。

然而，比喻一如所有的电动工具，使用起来也要很小心。在使用前要确定这些比喻能有效减轻个案的负担，并让问题变得比较好处理。千万不要把一位姻亲的一席无情谈话比喻成一桩谋杀，而应该把它比喻成袜子里的沙子。还有，你的比喻要经常更新，陈腐的语汇效果不好。注意！对一个个案不要重复使用相同的比喻。其实，我每次都会记下使用过的比喻及个案的回应。有一次，我对一个个案使用两次、也许三次"切到手指流血"的比喻，令我懊恼的是，她的眼里竟然闪过一丝不耐烦。

记得在研究所时，我从没有读过有关使用比喻的书籍或文章，但是多年经验积累，我发觉比喻已是一项我工作中不可或缺的工具。我的建议是，找个案惯用的比喻说法，同时也要创造自己的一些比喻，不妨规定自己每天要想出三个比喻，你可以借用我的比喻，并且多读一些诗词以激发更精彩的比喻。我想听听"在鲨鱼的包围下""即将沉没的独木舟"的隐喻对你有什么启示。

从我书房的窗子望出去，可以看到冰雪正在融化。我的番红花像复活节彩蛋一样在雪地上闪烁着紫色、黄色和薰衣草色的光芒。我的双眸渴望见到黄水仙对大自然行的第一个迎宾礼。花儿不畏风寒从雪中钻出，回答了爱因斯坦提出的最重要的问题——"宇宙是不是一个友好的地方？"

好的心理医生随时拎着一

只装满精美隐喻的工具箱。

忍耐是一种美德吗

第10封信

亲爱的萝拉：

哎！昨夜我又做了一个噩梦。我梦见自己要去外地演讲，到了机场却发现忘了带机票。起初我并没有太着急，只想告诉柜台的地勤人员我要飞往的地点，便可以解决问题。可是等我到了柜台，我突然忘了自己要去哪里，我翻遍了整个公文包想要找出任何可以让我想起目的地的纸片……梦醒时，我心跳加速，嘴里仿佛留有金属的味道。

我正在参加周末复活节的新书宣传活动。几个星期以来，我飞过一座又一座城市，每天赶不完的演讲，三餐吃的都是从旅馆厨房叫上来的食物。现在我开始慢慢地调整生活的节奏，自己亲手烹饪的菜肴让我回味无穷。我喜欢写书，但是我对推销自己的作品不是那么在行。作家也分两类：外向型和内向型。性格外向的作家喜欢到处旅行演讲，推销自己的著作，但他们必须强迫自己回到办公室写作；相反，性格内向的作家喜欢一个人静静写作，对巡回演讲推销书唯恐避之不及。你猜猜看，我是哪一类作家？

举办新书演讲就像一再温习你的新婚大喜之日。作家就像新娘，身边总围着一大堆仰慕者，既让人感到有压力又很大胆刺激。与新娘不同的是，作家穿得没有那么体面、经常迟到、时差调不过来，且饿肚子的时间居多。

旅行（travel）和劳碌（travail）语出同一字根，依我看来并非偶然。我并不是旅途勇士，冰冷的机场跑道、丢失的行李、半夜的汽车警报，以及接受未读过我作品的人的访问等，都会让我感到焦虑。然而，正如丘吉尔所言："反正已经下了地狱，就硬着头皮继续走下去吧！"

人类大抵会碰到三种问题：可以靠信息和付出努力就能解决的问题，比如演讲恐惧症、小孩子不听话；需要多花点心思和技巧来解决的问题，比如饮食失控或婚姻触礁；但有一些可能永远无解的问题——孩子对关爱他的人不领情，或身体和心智随年龄的增长开始老化等。

面对第一类问题，心理医生可以扮演激励者的角色，例如，对个案说："让我来教你怎么在照顾婴儿之余，利用空当喘一口气，或制订一个行为纪录表，小孩表现良好，就奖励一颗星星。"对于第二类问题，我们可以从局外人的角度来提供建议，例如，"每次你忍受不了、想要放纵自己时，也许可以放点肖邦的音乐来听，并冥想神游世界上每个你想去的国家"。当碰到第三类问题时，那就只剩下培养耐力了。

忍受痛苦和哀伤的能力，是一种不受重视的美德。我们总是教个案要处理他们的痛苦，要他们向外求援并寻找解决之道，这些在平常看来都是一些很适当的方法，但是真正碰到无望的情况时，最好的方法是回避问题本身，谈谈其他事情。在经济大萧条时代，我的姑姑婶婶们闭口不谈空空如也的厨房食物架；在南极的探险家无需提起那里如何天寒地冻；船快要沉没时，乘客大喊"我们都要死了"也于事无补。

在他人处于困境时向其伸出援手、给他人打气、维持他人的尊严及宽容他人，是十分高尚的美德。我的祖母罹患癌症去世前，我赞美她勇气十足且不改对别人的关心，她回答："不管我做了多少好事，还不是很快就要去见上帝！抱怨无法让痛苦消失，我还是有尊严地看待这件事吧！"

没有哪一种美德是绝对的，一个家庭的成员若过分容忍，可能会造成一些成员的自我牺牲，其他人则会变得没有责任感。但是，我们可以鼓励个案实事求是地评估情况，并尽其所能，做不到也不要勉强。这也是"匿名戒酒组织"祷告词的真正含义："我们要有坦然接受我们无力改变之事，以及勇于改变我们力所能及之事的勇气，还要有分辨二者差异的智慧。"

当然，萝拉，我们的很多个案要比举办巡回演讲更难让人忍受。你的个案戴娜（Dana）每天从顾客服务中心回家，便必须面对一个很难相处的青春期儿子和一个脑部受创、需要时刻照料的母亲，夹在这一老一少当中，她的整个人生只剩下服务。你可以鼓励戴娜大声哭出来，倾诉自己心中的委屈，你也可以给她出一些多爱惜自己的点子。用田纳西·威廉斯（Tennessee Williams）的话来说就是："我们必须忍受着。"

有个人向林肯总统请教，挂在他办公室的荣誉匾额上应该题些什么字，那人希望林肯能想出适用各种情况的智慧佳言，林肯思索了一会儿说："这个也终将成为过去。"

人类大抵会碰到三种问题：可以靠信息和付出努力就能解决的问题；需要多花点心思和技巧来解决的问题；以及可能永远无解的问题。

在人生路上多关爱自己

第 11 封 信

亲爱的萝拉：

　　今天早上我的同事卡尔（Carl）打电话来告诉我他要转行了，一开始他还笑着说他准备开一家鱼饵店，后来他终于道出了他干不下去的实情。他说自己在治疗个案时，脑子一直围着早上和妻子的对话、午餐要吃些什么，以及哪里可以钓鱼等俗事打转，他也发现自己在治疗过程中频频看表。尽管卡尔拥有临床心理学博士学位，但他仍打算转行做些割草、铲雪和帮人清理水沟的杂役。

　　卡尔并不是我所认识的人中第一个离开这个行业的人，我们这一行大多数人都庆幸自己能成为心理医生，但每年总有一些人转到比较不那么紧张的行业。也有一些人本来打算转行却留了下来，继续做心理医生。他们已身心俱疲，这都是基于惯性使然，我为他们和他们的个案感到悲哀。

和卡尔的谈话提醒了我要教你一些保护自己的方法，我在研究所读书时，没人对我提过这些事情。照顾自己，也可以说是把教给个案的那一套道理先去身体力行，如果你自己都烟不离手，如何能说动你的个案戒烟呢？如果你传达的是"照我说的去做，而不是照我做的去做"的讯息，你如何能做一个称职的父母或心理医生呢？

　　首先你要先照顾好自己的脑袋，心理治疗并不是"一通电话就能马上办成"的工作。有一次，我在堪萨斯城听了一整晚的音乐会，第二天照旧对个案进行心理治疗，治疗时我一直强忍着才不致哈欠连连，而且不停地喝咖啡来对抗睡魔的侵袭。结果，那天我的个案并没有得到与他所花的金钱和时间等值的服务。当然，很多人都会面临晚上小孩生病或邻居吵闹睡不好的情况，但是我们可以避免在非例行假日的晚上听摇滚音乐会。我的丈夫经常告诫别人："若晚上没有睡好，隔天千万不要拿链锯伐木或从事心理治疗。"

　　大文豪狄更斯每写作一个钟头，便停下来散步一小时，这对心理医生来说并不实际，但是我们的确需要尽量找时间休息或做些别的事。我的一位同事在工作之余以劈木头放松身心，另一位则是每天都要骑骑马。

我们这一行很多人其实就是分析心理学大师荣格所称的"受伤的治疗者"，我们的家族中可能有人罹患心理疾病，或自己过去曾受过创伤。当然，我们可以不需经过自我实践便可帮助他人，但是，如果我们本身太过贫乏，便没有多少可以付出的。我可以用建议填满一本书，但是我的中心思想总结起来只有"拥有自己的生活"这句话。我们不能没有人际关系，除了工作之外，也要培养其他兴趣。多做一些让自己开怀大笑的事，并且要时时给自己充电，例如，舒舒服服地依偎在婴儿身旁、选上几堂烹饪课、加入戏剧社等。

我们整天都在说话和思考，空暇时最好培养一些能引起感官触觉的休闲乐趣。做瑜伽和冥想可以重新连接我们的思维和身体，舒缓紧绷的肌肉。心理治疗过程是如此模糊不定，我们需要时时看到一些具体的成果：一床百衲被、一幅油画或一张重新上漆的橡木桌子。我的丈夫经常走出办公室，驾着车穿过小镇来到"动物园酒吧"，他会跳上舞台一边弹吉他一边唱歌，而观众中有些正是他当天才在办公室见过面的个案。他亲切地称"动物园酒吧"是一个个案与心理医生撞在一起、随音乐共跳布鲁斯慢舞的地方。

　　心理治疗可不是大吃大喝的加勒比海邮轮之旅，白天我们要为想自杀的个案做心理治疗、和托管中心的职员争执，并且还要为遭到虐待和长期被父母忽略的儿童担心。对我来说，最难的事莫过于一对夫妻当着我的面作出离婚的决定。吸收了这么一大堆人的痛苦，对我绝对是极大的耗损。如果我们不找点儿好的排解压力的方式，一定会因积压过多的负面情绪而感到痛苦，所以不妨找些能够抚慰自己的事来做。

　　我在私人诊所驻诊期间，同事总会适时给我提供建议和给予安慰。如果我需要倾诉，他们都会很耐心地聆听我，每当我太过紧张或焦虑时，他们总会想办法逗我笑。我们每周开一次员工会议，每年都到一个度假休闲中心住上几天，静下心来思索一些大问题——我们从事心理治疗的目的是什么？我们是不是还喜欢目前的工作？我们如何能做得更好、更完善？

　　我和先生开私人诊所后，便限定每天的工作时间，我们体会到自己是会枯竭的资源，需要妥善管理，只有储存能量才能持续运转。我们夫妻平常也不喜欢购物血拼，日子过得比很多人简朴。小孩们一有游泳比赛或举办小提琴独奏会，我们就暂时关门休诊。我们一直把时间看得比金钱还重，不轻易出卖我们的宝贵时间。

我绝不是建议你要学我们的模式，我们家的会发出吱吱声响的陈旧家具、用到薄得可以透视的毛巾、地下商场的打折衣服等，常是别人开玩笑或打趣我们的话题，大多数人都不喜欢开里程已累计到25万公里的老爷车，但我们乐此不疲。我们所认为的奢侈品是拥有美好的生活经验，而不是拥有某种商品，所以我们喜欢去餐厅享受美食、听音乐会和度假。我指的是，你要认真规划好自己的生活作息，而不是随遇而安，有什么做什么。

你要将每天看诊的个案控制在合理的数目之内，我发现自己一天顶多只能看六个个案。但是，我知道有一些同行比我厉害，他们宣称每天可以工作八个小时。同时，你也不要处理太多难搞的病例。记住，你永远可以开口拒绝，不要一听到漂亮的恭维话，即使明知满诊，还是轻飘飘地答应接下案子。从别的医生那里转诊过来的案例将会让你花更多的心神，他们可能用甜言蜜语来哄你："我相信只有你有能力接下这么重要的病例。"如果你的时间真的已经排得满档，你应该回应"不不不"三个字。

你只有遵守职业道德，才能同时保住你的执照和健康。不要为任何与你有非工作关系的人看诊，即使关系很浅也要避免。例如，不要给亲戚做智力测验，或为你的表兄妹进行人格分析，也不要为你的邻居作诊断或下评语。你不是你所爱之人的心理专家，你可能因为给朋友做心理治疗而失去了一段美好的友谊。你不可以轻易答应个案的不合理要求，也不可以邀请个案共进午餐、向个案购买直销商品、请个案帮你看小孩、请个案帮你重新装修房子等。正因为你与个案之间没有任何纠葛，你们的关系才会这么坚定，所以不要和个案发生任何连接。

萝拉，我这个忠告可能很难做到，但是你若不注意，就会很麻烦。我们这个工作的风险极高，稍有闪失，便可能出人命。如果我们不好好照顾自己，我们就会变得和个案一样沮丧、焦虑和愤怒。请你务必重视保护好自己并充实自己，以及保持以心理医生职业为乐的热情，我不希望你在10年后沦落到要去卖鱼饵或要以铲雪为生。

你只有遵守职业道德，才能

同时保住你的执照和健康。

药物治疗并非最好的选择

第12封信

亲爱的萝拉：

　　这个星期我一直都在与内心的郁闷作斗争，很难知道到底是什么原因造成了这种情绪。有时这种感觉像是源自工作中的不顺，或听到某个朋友遭遇不幸的消息而心生的悲伤；有时我好像被一种生物污泥困扰着，它一点一滴地渗进我美好的生活，弄得我满身泥巴。

　　你知不知道春天是自杀的季节？原因没人知道，也许是某种生物化学的作用。即使周遭万物如此可爱美好，但人们还是无法快乐起来，这种失落和沮丧无法避免。

　　上星期，我和先生因为你的个案玛琳（Marlene）是否需要服用抗抑郁药物意见相左，这并不令人惊讶，我们之间的分歧有些是因为理论认知的不同，但有些感觉更像是代际感造成的。在我还是学生时，治疗精神疾病的良药还没有大量问世，因此我们被训练成要从医疗关系下手寻找治疗方法，而并非开药给个案。你比我更像是一个生物决定论者，我们大部分的时间都是从哲学的层面来讨论玛琳这个案例的：她是因为被男朋友抛弃才伤心欲绝吗？什么时候适合开药给她吃？你的一句结论"生物学固然不能回答一切问题，但它也没有像肝脑涂地那么严重吧！"引得我开怀大笑。

如果让五个心理医生来诊断造成玛琳悲伤情绪的原因，我想会出现六种不同的理论。在解释人类何以有某种行为和反应上，心理学界总是提出相互竞争的不同观念。有些早期的理论已过时，但是还有数千种、甚至有些非常古老的理论直到现在仍被发扬光大，这些理论涵盖生物化学、遗传学、环境学、精神学和存在主义等。我们相信有些人可能会因为某种特殊的脑部结构或天生不同的体质而出现心理问题，或者因为童年时受到虐待、是受压迫的少数民族、家中小孩的排行问题而出现心理问题。我们也认为，痛苦的生成与不良的行为模式、拙劣的沟通技巧、缺乏理性的思考和人生缺乏意义等息息相关。

无疑，沮丧的原因有些来自生物学的根深蒂固，相对来说，和外在环境并无关联。很多个案让我联想起著名诗篇中的人物理查·柯瑞（Richard Corey），他身强体健、事业成功且受到众人的爱戴，但最后以自杀了其一生。我有一个个案沉溺在绝望的念头里无法自拔，即使是绝佳的运气也会让她感到灰心丧气，有一次她看见标语上写着："你的钱财会从天而降。"她便叫出声来："天啊！钱掉下来砸在我头上，准会砸死我。"

很多我们所谓的沮丧和失落只不过是某些事情引发的一时伤感，这让我想起爱琳（Erin）。她的丈夫呆板无趣又不体谅她，工作也不如意，生活中很少有令她开心或值得努力的事情。我也想起了在多伦多经营礼品店的阿明（Amin），他原来是一个心理学家，但移民到加拿大后无法取得当地的执业证照。他颇感骄傲地提起曾在亚速尔群岛举行的国际会议中发表一篇论文的往事，如今他却只能成天窝在店里卖薄荷糖和矿泉水。

老一辈的乡村歌手山姆·莫洛（Sam Morrow）说过："我们必须能够分辨真实生活和疯狂事物之间的差别。"我们最重要的一个任务就是，帮助个案认清抑郁和哀伤之间的不同。

极端明显的案例比较容易辨识，服用抗抑郁的药物，可能可以挽救理查·柯瑞；换工作、交几个女性朋友或培养一种嗜好，可能对爱琳有益；阿明需要一个懂得双重文化的中间人，来帮助他通过加拿大的医疗考试。而类似玛琳这种案例，我们可以通过相互讨论达成共识，因为这种案例可能不是甲或乙两者选一，而是甲乙两者皆是。

正如光既可被看作粒子也可被看作微波，心理问题也可以同时是生物和环境的问题，更有甚者，是各项因素之间彼此互动的结果。研究显示，对外在情况的反应会在脑部产生恒久的变化，抑郁症患者的脑部和其他人的脑部不同，他们也拥有不一样的生活模式，譬如较少慢跑、不常参加聚会及很少到郊外野餐。

如果个案并非处于流浪街头、正在接受乳腺癌化疗、严重酗酒或遭受家庭暴力，两极化的行为失调和人格分裂是很容易被治疗的。生活模式的因素及基于生存所作的抉择都会影响人的心理健康，同样它们也会影响人的身体健康。事实上，每一种行为失调背后都有很多原因，我们究竟应该特别强调哪一项因素呢？

我们的个案常常提出以"为什么"开头的问题："为什么我这么倒霉？""是什么原因造成的？"我们回答时必须尽可能地选择最温和的理论，即在个案感觉好受些之前，不要提出让他们必须作出改变的理论。我们不要责备他们的父母，或归罪于重新启封的回忆或他们家族的基因染色体。我们要做的是，用一种可以引导个案作出明智决定的理论来设定他们的情境。

我们给玛琳的建议会影响她往后的行为、她对自我的认知及他人对她的看法。被贴上抑郁症的标签有好有坏，它可以帮助玛琳获得别人的支持，但也可能让她感到无法掌握自己的幸福。同时，这个标签可能使她在别人眼中变得不可信赖和没有什么希望。今天早上我想到我们应该对她采取以下的治疗方式。

让我们假设玛琳正陷入与男友分手及抑郁症带来的悲伤情绪当中，我们先不要开药，给她一个月的时间去对抗抑郁症。同时，你要在这段时间多搜集她的家族病史、人际关系、睡眠状况和是否喝酒吸毒等信息，你可以指派一些"对玛琳好一点"的家庭作业，规定她每天都要与真正关心她的人见见面，鼓励她去看一些喜剧影片、洗一个美美的豪华泡泡浴、听一些轻柔的音乐，并建议她多做些运动，越多越好。你可以让她记下她认为值得骄傲的事，让她抽空度个小假，或稍微休息一下，让日子过得有滋有味，并要她敞开心胸，把心中困扰的问题说出来，然后看看她恢复了多少。一个月后，倘若玛琳的情况没有显著的改善，我们再考虑药物治疗。

与此同时，你不妨来我家，我们可以针对这些问题再多讨论一下，我想和你好好散散步，共同想出一个对抑郁和哀伤都有效的治疗方法，这会让我的指导课程更加乐趣无穷。

很多我们所谓的沮丧和失落只不过是

某些事情引发的一时伤感。

恋爱不易、结婚亦难

第13封信

亲爱的萝拉：

你有没有听过一首讽刺味十足的乡村老歌："失去了你，我是那么的痛苦，就像你在我身边一样。"

昨晚，我邀请一位朋友蔻拉（Cora）到家里来喝柠檬汁，并聊起她新交的男友。蔻拉是一个聪慧、稳重且人情练达的女性，但是一谈起和男人约会这档事，她就像是一个受到惊吓的小孩。

多年前，蔻拉在念医学院时曾结过婚，历经了三年痛苦的婚姻生活后离婚了。提到那段婚姻，蔻拉伤心地说："我当时太年轻，不懂得说出自己心中想要的东西，对很多事情的反应太过情绪化。现在年纪愈大，我愈能了解其实别人的所作所为，大多不是冲着我而来的。"

离婚后，蔻拉避免和任何男人有亲密的关系，在发生

"9·11"悲剧后，她需要外人的支持来克服内心的害怕和恐惧。3个月前，蔻拉在教堂的单身舞会中认识了亚尼（Arnie），他是一个承包商，风度翩翩且工作勤奋。蔻拉试图开展一段新恋情，她不想贸然地和一个不值得她爱的男人安定下来，但是，她也不想表现得太过挑三拣四。她叹了口气说："我的标准不是很高，我只是要一个风趣、有正当职业、品行端正、无不良嗜好且不黏人的异性恋者而已。但是，我发现合乎条件的男人并不多。"

蔻拉和亚尼约会时，通常都会玩得很开心。她是个自由主义者，而亚尼是个保守派，但两人能笑谈彼此在政治上的分歧。然而，蔻拉慢慢发现亚尼说的话并不能完全兑现，他也无法放开心胸谈论自己，而且每当蔻拉向他倾诉自己的感受时，亚尼总是岔开话题。我警告蔻拉："99%的女人都抱怨男人不懂得如何应付女人的情绪。"她笑着承认说："是啊！我到现在还没碰到过那1%的女性。"

蔻拉离开我家时，对我吐露了她心中的秘密："其实我挺羡慕我妹妹的，我当然不想像她那样蹲在密苏里州的休曼斯维尔镇做个家庭主妇，但至少她不用每天套上昂贵又不舒服的衣服，不用每天赶时髦。"

蔻拉和男友一开始约会便已踏入情绪的地雷区：恋爱、同居、许下婚姻承诺等，不管你按照哪个顺序，都带有风险。因为在整个人类历史中，无论哪个时空，追求异性的行为都已经被严重地仪式化了。但是，在21世纪的美国，我们的生活仍然被与异性约会这档事影响着。

蔻拉的遭遇让我联想起工作中碰到的成百个案例：艾碧（Abby），尽管她是个很会玩的万人迷，但是一直找不到爱她的男人，她是一家公司的执行长，男人都因为她拥有的权力退避三舍；威利（Wally）挑来挑去，总是交到对他不好的女人；狄恩（Dean）和玛珍塔（Magenta）交往了14年，但永远不能给彼此承诺；萧娜（Shawna）在父亲去世后，搬去与一个有暴力倾向且酗酒的男人同居；玛西亚（Marcia）和米奇（Mitch）彼此相爱且都很关心对方，但是米奇身边总不乏性伴侣，他戏称这是"游戏关系"。

在我们那个年代，约会可不像去公园散步那么简单。我记得看摔跤比赛时，女生在讨论要不要坐在后面时，参赛人还在为比赛能否碰触颈部以下的部位争论不休。我还记得在约会过程中，双方讨论到是否要进一步发生关系时，女方感到焦虑，而男方表现出十足的愤怒。现在的情况更糟，虽然现在有关性的信息更多，但是发生性关系承受的压力也更大了，尤其是让人谈虎色变的艾滋病问题。

与异性约会的规则可能相互矛盾——既要实际又要冷静；既要表现得性感又不能像个花痴；既要展现出风情又不能太矫揉造作；既不能照实说出你真正的期望但内心又期望进行得顺畅。每个人对感情都有所认知——担心自己被利用或者不为人所喜，害怕被拒绝或者陷入情网，畏惧被抛弃或被掌控。这是一场有关操纵的游戏，但是也是唯一的选择，人类必须玩这个游戏才能建立自己的家庭。如果游戏玩到最后以不幸收场，人们会尽力维持礼貌、各奔前程。但是，对分手的感受太过强烈就会掩盖人本性的善良，再温和的人到头来都会憎恨彼此。

电视和电影的情节使这个问题更加恶化，我们看到剧中的俊男美女打扮得光鲜照人，熟练地相互调情，然后上床进行一场动作优雅、技术高超的性爱，他们没有大汗淋漓、口臭或必须先谈好生育计划的现实问题。我记得曾有一对夫妇因性生活不和谐来找我，海伦（Helen）体态肥胖，而鲍伯（Bob）则抱着电视不放，他逼海伦减肥，但海伦回答说："放弃吧！没看到我们一家都是胖子啊！不管我减多少公斤，我永远不可能变成米歇尔·菲佛（Michelle Pfeiffer）。"她的直言不讳的确让人难以接受，但是鲍伯批评海伦的身材确实伤了她的心，以致她不敢在他面前光着身子。

我鼓励这对夫妻晚饭后一道去散步，让他们俩在没有电视机的情境下一起活动身体。听到这个建议，鲍伯嘴里不太情愿地嘟哝几声，但还是表示愿意和海伦加入健身中心，借运动共同解决他们之间的问题。海伦也点头同意了这个建议，一开始她只是为了陪伴抛开电视的丈夫，但后来她逐渐喜欢上了这个点子。事实上，海伦并没有减掉多少体重。然而，我们三人在讨论夫妻关系时，她的体重问题对鲍伯已不再那么重要了。他希望妻子的身材能够趋向正常体重，海伦也的确慢慢变得更健康，同时他也开始体会她的其他美德，最后说出了"老天！她一直在容忍我"的真心话。

本就阴暗和危险的情况可能因性别的差异而雪上加霜。男人从小就被教育不要轻易在他人面前流露出愤怒或情欲之外的感情，他们认为如果对女人太好，便会被骑到头上；女性则被教育要对男人卖弄风情，但也要表现得不容易上钩，且又不能成为男人玩笑的对象。女人喜欢会洗碗盘、会在耳边轻声细语地说"我爱你"的浪漫英雄。然而，男人害怕把感情表现得太过直白，但性的感觉不在此列。女人会战战兢兢地要求男人作出承诺，而男人则担心出去倒垃圾或承认自己坠入爱河，会被人看成是窝囊废。

但是，性别法则有一个有趣的例外：男人被容许在他的艺术表演中表达七情六欲。以音乐为例，安静的音乐家平日轻松自在、行事低调，甚至可以说沉默寡言。但很奇怪的是，一旦他站在舞台上，这个冷静的男人所唱的歌曲便能融入我们的内心深处。查特·贝克（Chet Baker）的小喇叭乐曲充满了痛苦和渴望，但下了舞台，他的行事风格便像冷酷的嬉皮士。乔治·琼斯（George Jones）、乔伊·寇克（Joe Cocker）、凡·莫里森（Van Morrison）、金恩（B.B.King）、艾弗利兄弟（Everly Brothers）唱起歌来好像爱情对于他们来说是攸关生死的大事，他们颤抖、呻吟、撕裂、狂吼的歌声充满了情感，他们把现实生活中无法表达的感情都融入歌声中。在舞台上，他们可以流露真情无所谓，但下了舞台，就要表现得像个男人。

青少年时期，我们会接触一些有关如何与异性约会和发展感情的知识，但远远没有学习驾驶熟练、轻松。我曾问一位女大学生她当时是如何决定要和男人发生性关系的，她竟回答："我不清楚，反正喝醉后，糊里糊涂就做了。"在我辅导的学校中，一个男孩在打电话订"早起"的花束时，被指控约会时强暴了一个同校女生而遭到逮捕，但他认为那晚两人做爱是你情我愿。可他约会的女生被吓坏了，指责他无法了解当她说"不"时，是表示她真的不愿意，事后她回到宿舍立即报警把男孩抓了起来。

很多人为了逃避犹如过山车式的约会而直接走入婚姻。虽然约会在生活中随处可拾，但束手缚脚、禁忌太多，稍一不慎，便会陷入讨人厌的文化习俗之中。然而，很多人即使跳过了过山车式的约会，到头来还是跳进了婚姻的火坑。

萝拉，提醒你的个案，婚姻可不是只有风花雪月、光鲜亮丽，而是要去判断一个人在很多情境下的行为反应。鼓励你的个案去见见约会对象的家人和朋友，对没有半个亲友的约会对象要特别小心。教导女个案要仔细聆听男人如何谈论其他女性的，并观察他们如何对待自己的母亲，注意约会对象如何描述过去的感情生活。擅长把过错推给别人的人，不是好的交往对象；好妒、神秘兮兮或喜欢掌控别人的对象也不理想；时间一久，得寸进尺、不尊重界线的约会对象，很可能会暴露出暴君的真面目；性情稳定的人会稳扎稳打一步一步来。

　　我不是一个很罗曼蒂克的人，谈恋爱比交朋友更让我不放心。我建议个案要多留意传统美德，比如尊敬、忠心、稳重、真诚等。约会的情景不该只是让人意乱情迷，告诉你的个案，和异性亲吻时，不要学电影里的情节，绝对要张大眼睛。

婚姻可不是只有风花雪月、光鲜亮

丽，而是要去判断一个人在很多情境下的

行为反应。

维系美好的婚姻有多种方式

第 14 封信

亲爱的萝拉：

我刚慢跑回来，外面的气温大概是32℃。6月是吉姆的乐团最忙碌的时间，对于那些选择在6月举行室外婚礼的恋人，我总是心有所感。结婚典礼总让我热泪盈眶，有时我真想大叫："你们到底是不是真的想通了？"但有时我会因为突然想到婚姻带来的所有脆弱和希望而号啕大哭。

马克·吐温曾写过一句名言："婚姻是信心战胜经验的典型例子。"当然，在婚礼当天，每对新人都深爱着对方。但是，经过几年相处后，几乎所有的婚姻都会出现严重的危机，半数更以离婚收场。再套用伟大作家豪尔赫·路易丝·博尔赫斯（Jorge Luis Borges）[1]的一句名言："爱情是一个有关经

---

① 豪尔赫·路易丝·博尔赫斯：阿根廷诗人、小说家、散文家兼翻译家，被誉为作家中的考古学家。

常犯错的宗教信仰。"

从业30年来，我治疗过无数的怨偶，有些情况改善，有些依然故我。20世纪70年代，美国中西部的夫妻才开始谈论"性"这个话题，我做的是改善婚姻、充实婚姻的咨询工作，教导踏实的内布拉斯加人如何为夫妻间的床笫生活注入创意、沟通和活力。记得在一次治疗中，我初次听到我的个案表达他们对性生活不协调的焦虑和厌倦时，我当场羞红了脸。我教他们如何进行前戏、按摩并辅以电动按摩棒，我也鼓励夫妻换场地、换姿势做爱。唉！70年代，怎么说呢？我实在很难向你和你同时代的人说清楚当时的性革命浪潮。

20世纪80年代，夫妻为了钱财争吵；而90年代，夫妻为了时间的分配而争吵。我们身处的这10年，夫妻面临的挑战是战胜过去30年里所有的斗争。每个人都忙到没有时间做爱，甚至交谈，正如一个个案提出的理论——睡眠是最新的做爱方式。但是，一些老问题仍挥之不去：如何化解冲突、作出明智决定，以及如何和姻亲相处？如何以"我应怎样"取代"我要怎样"寻求和解？如何在你需要朋友时，他们便在你身旁？你不想让人打扰时，如何让他们自动离去？如何保持持续不灭的热情？

婚姻既合乎自然又违反自然，为延续生命而交配是跨物种间的行为。以前人类的寿命很短，而现代的婚姻则要求两个通常拥有不同兴趣、人格特质、沟通方式和嗜好的个体共同生活60年。然而，人在经过好几十年后都会有很大的改变。心理医生卡尔·惠特克曾说："我结了七次婚，每次都和同一个女人。"当然，如果婚姻伴侣一成不变，就会产生不同形态的问题。

最糟糕的婚姻是那种夫妻"既无法继续和睦相处又离不开对方"的类型，它是一种沉迷、谎言和暴力的夹缠，连当事人也搞不清的关系；其次是那种夫妻完全不交谈、无沟通，除了共享生活空间外，别无其他。冰和火一样，都足以毁灭人类的灵魂。

热情如火但轻松自在的婚姻因不断的争执及和解而成长；反之，沉默和退缩的夫妻逃避讨论冲突及解决冲突，时间一久，很多事就藏在心里愈积愈多，二人的婚姻终会被悬而未决的问题彻底压垮，这一类型的夫妻通常连一次架都不用吵就会同意离婚。

有些婚姻是丈夫或妻子一方发号施令、独揽全局，而大部分婚姻是一方扮演被追求者，另一方则扮演追求者。我们都可能被戏谑为欢喜冤家——在相互批评和唠叨中交缠着对彼此的爱。

一方极为理智克制，另一方则容易冲动和情绪化，这是很普通的夫妻互动模式。而且，男人通常是比较冷静和善于分析思考的一方，心理医生詹·杰格斯（Jan Zegers）称此为"石头和女巫症候群"（stone and witch syndrome）。这一类型的婚姻到了某一个时间便摇晃不稳，因为情绪化的一方感觉自己说话必须愈来愈大声，才能逼迫日渐麻木且充耳不闻的伴侣作出一些回应。多年下来，这一类型的夫妻逐渐就变成了讽刺漫画中的人物，角色就会自动被定型。

然而，双方的个性相对互补可能有益于婚姻。很多婚姻之所以能成功，是因为一方冷静稳重，另一方精力充沛。一个婚姻幸福的个案就说："我是油门，他是煞车。"两个过分克制的人结婚，很可能他们的屋子会被收拾得一尘不染、家庭财务收支平衡且生活作息按记事本进行。但是，他们可能有一点单调乏味且了无生气；反之，两个个性夸张、容易情绪化的人结合在一起，可能他们结婚不满一周年，便会把对方惹得怒气冲冲。

但话又说回来，如果两个人的个性天差地远，有一方就会感到寂寞孤独。我记得有一对夫妻，妻子直觉性很强、感情丰富且心思细腻、复杂，丈夫则是一个计算机程序设计师，完全忽略感情和人际关系的问题。妻子很忠心，为了子女不愿离婚，她竭尽所能地处理所有感情方面的事务，努力让婚姻维持下去。但是，她还是觉得被丈夫的粗俗击垮了。有一次她尖酸地说："他实在沉闷得让人抓狂，他和任何一个喜好房事且会烤香肠的女人在一起都会很快乐。"当然，做丈夫的会觉得自己很努力地工作保证一家人衣食无忧，却得不到应有的理解和尊敬，他也为了子女不提离婚之事，对家庭的责任成为这对夫妻之间唯一的联系，但只有责任的婚姻会让夫妻双方变得无比痛苦。

世界上有真正美满的婚姻，但根据个人定义的不同，幸福婚姻可能少有，也可能很普遍。我对夫妻档个案所知愈多，愈能了解他们关系中的一些错误界线。幸福的婚姻并不代表完美，尽管存在长久未决的问题，但仍有相当多的人珍视自己的伴侣。

大部分婚姻是上述所有关系类型的综合，我总是不太愿意用分类的方式来分析婚姻，没有人的婚姻单纯地只属于哪一种类型，艾尔（Al）和卡瑞娜（Carina）就是一个例子。艾尔来看我时穿着紧身褪色的牛仔裤和牛仔靴，他的职业是畜牧场的拍卖员。而他的妻子卡瑞娜则顶着一头蓬松的金发，以前当过酒吧女侍，现在则宣称在丈夫手下打工。然而，卡瑞娜逐渐对自己扮演的宽宏大量、不计较和随传随到的妻子角色感到倦怠，她不想当韦伦·詹宁斯（Waylon Jennings）歌曲中的女英雄，即她的丈夫可以成天在附近的低级小酒吧鬼混，而她每天得整理屋子、烧饭、洗衣和做庭院杂工等。

在第一次治疗中，我几乎没有办法和他们两人沟通，艾尔对于来做心理治疗感到不解和愤怒，并把气撒在我身上。一开始他称我皮弗医生，为了让气氛稍微轻松一下，我对他说："从今以后，请叫我玛丽就好。"他假笑一番改叫我"玛丽·汉士弗斯"（"汉士弗斯"与"从今以后"的英文都是

Henceforth）。见我扬起眉毛，他耸耸肩、轻松地说："喂！女士，这可是你自找的啊！"我要求他为心中理想的婚姻下个定义，他回答道："完美的女人应是风情万种的酒店女老板。"

好一个好辩、爱耍小聪明的男人！相反，一旁的卡瑞娜则只是一味甜甜地笑，完全没法站出来为自己讲话，她开口的第一句话竟是："我的医生因为我胃酸过多才把我们转诊给你。"

当然，成功有效的心理治疗必须要跨越第一印象。艾尔来自一个暴力家庭，他父亲动不动就甩他母亲耳光，而且以周六载她上街要收费为理由，把他母亲卖鸡蛋赚来的一些零钱全都搜刮走了。有这样的成长背景，艾尔的行为可想而知。但艾尔从未对卡瑞娜动粗，他真心希望妻子的生活能有点乐趣，因此对妻子整天待在豪华的大洋房里却感到不满意，他似乎茫然不解。

卡瑞娜同样也来自一个父亲主宰一切，而母亲被贬到没有地位的家庭。她绝对不是决断型女性的典范，但她还是把艾尔拖来做心理治疗。在我的协助下，她开始吐露心中的不满，两人也都认识到他们的婚姻中还有一些做得不错的地方。卡瑞娜说："艾尔永远不会欺骗我，而且他很有财运，我们从来不用为钱发愁。"

艾尔对我使了一个眼色，然后说："我工作越勤快，越能走好运。"我问艾尔他的婚姻有什么地方让他喜欢的，他又假笑说："卡瑞娜床上功夫很了得。"接着他紧张地咽了口气加了一句："她是我最好的朋友，我不知道她怎么能够忍受我这种怪人。"

谈到做心理治疗的目标时，他们的期望不高。卡瑞娜要求艾尔周六和周日留在家里，还要求如果艾尔周一到周五若工作很晚不回家吃晚饭，要在下午三四点时拨个电话通知她，她说："那样我就可以用微波炉随便弄点东西填肚子，剩下来的时间我爱怎么过，就怎么过。"艾尔则说："卡瑞娜各方面都不错啦！"他停了一会儿后才说："也许她的体重可以稍微减几斤。"我哼了一声，而卡瑞娜抓起面纸盒朝丈夫丢了过去，艾尔笑着讨饶："好了，好了，就当我没说。"

这对夫妻沟通的方式不是我们心理医生所推荐的理想形态，但是他们对婚姻的期望并不高，在五个小时的治疗后，两人带着对彼此满意的心情，欢天喜地地离开了诊所。

良好的沟通并不代表非得把每件事都说清楚不可，很多夫妻把大部分时间都浪费在唠叨、批评对方及发泄自己的情绪上，这些对维持夫妻关系并不一定有帮助。再冷硬的心肠碰到友好的态度都会软化，两个人一起说说笑笑可以有效地缓解紧张的关系。艾尔和卡瑞娜的例子告诉我们：维系美好的婚姻有很多种途径。

快乐的夫妻往往会认为自己眼中的另一半比实际还要聪慧、好看和性感。研究也显示，对配偶存有正面的错觉能使婚姻更美满，即一个被妻子视为英雄的丈夫更有可能表现出英勇。我把这个研究运用到了心理治疗上，强化个案对配偶的正面评价，并挑战他们对另一半的负面评价。譬如我会说："我完全同意你说的'静水深流'这句话。"或者"你凭什么说你先生不爱你？"

我认识一对夫妻结婚已有半个世纪至今仍琴瑟和谐。在他们的金婚周年庆上，男女主角应来宾要求回忆了多年婚姻生活的点点滴滴，妻子说："我很后悔过去曾浪费很多时间去改造对方。"丈夫则说："我的婚姻成功的秘诀在于每天早上醒来后，我都站在镜子前告诉自己'你也不是多么完美！'"

　　希望并不见得会消失，忍耐的岁月常能激发出一些深度的智慧和情感。这使我想起我的姑姑，她瘦小孱弱、患有严重骨质疏松症，她独力照顾大块头、终日困在轮椅上、90高龄的姑父，以她的身体状况来说，这并非易事。但是，她说："我要他拥有死在自己家里的福分。"这样的爱，是那些身着华美炫丽的结婚礼服的年轻新人所无法想象的。

最糟糕的婚姻是那种夫妻"既无法继续和睦相处又离不开对方"的类型，它是一种沉迷、谎言和暴力的夹缠，连当事人也搞不清的关系。

家庭造成的伤，在关系中疗愈

第15封信

亲爱的萝拉：

在安排好你的第一个家庭治疗案例的日期后，你很惶恐地问我："我要拿这一家子人怎么办呀？"我当时就答应你要写下我对家庭心理治疗的看法。

小心点！下面将是一封洋洋洒洒的信。

我第一次接触家庭治疗时，还是德克萨斯州加尔维斯顿小镇的实习医生，指导老师带着学生组从一面单向镜（只能从外面看到里面的镜子）观摩我的治疗过程。因为之前我在申请实习医生资格表上填写自己会讲西班牙语，所以被指派接下一位墨西哥裔母亲带着她五个不听话的小孩的案例。但是，很不幸的是，应付这个不知所措、讲起话来快如机关枪的母亲，我的西班牙语真的不够用。等我大概听懂了一半时，她的小孩已经失控得好像四处乱窜的火箭，那个最小的孩子真的爬到墙上撕碎了我们的窗帘。观摩小组还不时打电话进来给我一些我根本没法执行的指示，看到我笨手笨脚的样子，他们笑到工作制服的后襟都绷开了。

很幸运的是，我经手的第二个家庭治疗案例，并没有观摩小组在一旁观看，个案家庭是一对中产阶级夫妇和他们叛逆十足的青少年儿子。那时，我对青少年的实际行为几乎一无所知，但这并不妨碍我发表自以为高明但大多没有用的意见。现在回想起来，那对夫妻当时对我展现的耐心实在是让人惊奇。

我从头到尾只碰到过一个简单的家庭案例：一对年轻的夫妇带着他们5岁的女儿来找我，那位小女孩患有我们以前所提到的夜晚恐惧症。在问过几个问题后，我发现每天晚上父亲坐在电视机前收看十点新闻时，女儿都坐在他的大腿上，她喜欢依偎在爸爸身边。我怀疑是新闻内容出了问题，因此建议这位父亲把收看十点新闻改成读床边故事给女儿听，小女孩终于不再做噩梦了。这个案例轻松如在公园里散步——一对慈爱的父母、一个正常的小孩和一个可解决的问题。

接触家庭治疗的第一年，我有点手足无措，在真正面对一家人时，我的专业训练好像一点儿用都没有，没有人教我该如何处理一个拒绝在治疗中开口说话、内心满怀怨恨的妻子，以及酒气冲天地出现在诊所的丈夫。但是，尝试和一个醉酒的家伙及与他赌气的妻子讨论沟通的重要性，是我身为心理医生起码要做到的事。

要有在飘落的雨点夹缝里跳舞的本事，我们才能做家庭治疗。我们的任务是确认每一个人的意见，且不要与个案家庭中的任何一个成员走得太近。我听过一则犹太长老为信徒夫妻做婚姻治疗的笑话：他聆听完妻子心中的怨气后说："对，对，你说的对。"接着，丈夫解释自己的立场，长老也说："是，是，你说的是。"结果这对夫妻对长老大吼："你怎么能同意我们每个人的说法，我们的观点可是南辕北辙呀！""没错，没错。"长老又回："你们俩说的都没错。"

家庭治疗早期最重要的工作是了解家庭环境，你需要评估家庭资源、关键问题及潜在危机点，同时也要记下每个成员的能力、优点、天赋及可能有的韧性，找出一家人中最希望改善情况的那个人。你可以问一个青少年："若你能再度和父母亲近，你想要他们了解你的哪一方面？"询问家庭中的每一成员所知道的过去和解决问题的途径，并问他们："如果你有一根魔术棒，你想要这个家有什么变化？"令人惊讶的是，大部分人想要的东西其实很简单——父母希望子女回家和他们吃晚饭，儿子想要父亲陪他玩球，丈夫希望自己上完班回到家时妻子能给他一个亲吻。

对接受治疗的父母来说，关于孩子的成长问题，最有疗效的话是："对这个年纪的小孩，这都很正常。"同时，不仅要帮他们对正在发生的事情保持一定的理性，还要让他们对自己的家人可以做得更好保持期待。譬如你可以说："所有的家庭都会为该由谁来洗碗争来争去。"或"孩子在度假时总会要求特别多，这是走到哪里都不会改变的事实。"

要保持弹性，萝拉。在给个案做建议时，最好用一些"试验看看""暂时"或"假装你……"的语句。这样，个案就不会对改变产生太大的警惕性。如果你觉得这已超出自己的能力，那就找一个人和你一起做，特别是对青少年的治疗，如果治疗没有效果，可以邀请他们的祖父母来帮你。青少年也许对自己的父母会心有不满，但对爷爷奶奶通常是敬爱有加的，在诊疗室里所有人的同心协力下，一定会让青少年重新感受到关怀和包容。

一个健康的家庭总有人轮流扮演弱者、强者和小丑的角色。但是，在有问题的家庭中，这些角色都已被定得死死的。发生这种情况时，家庭成员会觉得自己陷入了一个不是他们自主挑选的剧本当中，且不容许他们有全方位的角色发展。想要帮助家庭脱离困境，扮演弱者的角色就不能成为任何一个人的永久专利。另一方面，我们可以允许家庭中经常表现完美的成员有偶尔犯错的权利。

鼓励家庭成员形成新的行动组合。如果父亲从没有单独和向来不搭理他的儿子一起做过什么事，那就让他们父子共同进行一项活动；如果父母因为害怕把儿子单独留在家而不敢外出，那就把他送到爷爷奶奶家过一个星期。有时简单地把人重新组合一下，就能释放出新的能量。比如，要求一家人换位子坐，然后要求他们像其他家庭成员一样交谈。这个简单的技巧会帮助他们形成一种同理心，这对经常认为对方来自其他星球的青少年和他们的父母来说特别有效。

没有什么问题可怕到不能拿来开玩笑。我认识一个幽默感十足的心理医生。有一次，一个青少年穿着鲜亮的、紫色的、松垮垮的长裤走进诊所，不可一世地问："你知道精神异常的定义吗？"他的家人看起来困惑不已，但医生指着他松垮垮的裤子说："哦！那就是我理解的精神变态。"

有一次，我给一个小孩做资优智力测验，他满怀热切地问我："IQ 这个词怎么拼呀？"我和他父母一齐笑出声来。我也会拿自己做不到的事开玩笑。在我的儿子12岁时，我十分豪气地宣告："你可以问我所有你想知道的有关性的问题，并且我会直截了当地回答你。"他听了这句话后马上丢出一个问题："你和爸爸昨天晚上有性交吗？"我吼着说："你不可以问我这个。"

作为心理医生，你有必要扫除家庭秘密。家庭秘密分三种：家庭成员不想让外人知道的秘密；家人间相互隐瞒的秘密；连自己也不想探知的秘密。任何一个家庭成员对心理医生不可能比他们对自己的家人更诚实，如果他们对外否认父亲的性虐待行为或母亲的酗酒问题，我们就会一直被蒙在鼓里。

秘密的本质就是羞耻。女诗人艾德丽安·里奇（Adrienne Rich）写道："未能说出口的话最后都变成了不能说的秘密。"秘密的本质也是权力，它能从中分出哪些是自己人，哪些是局外人。通常家庭成员会将家里的秘密视为对家庭的保护，如"我们不想惹父亲不高兴"。然而，秘密会隔绝他人，并让人作出具有破坏性的事情，更会侵蚀人与人之间的信任。

支持父母的权威性。20世纪初，我们的文化十分专制，充满一大堆教条和期望，健康的家庭靠温和、爱玩乐和相对放任的态度平衡文化的专制。但在过去的几十年里，大人的权威逐渐衰退，子女和父母间出现了越来越多的问题，而这种迹象，我每天都能看到。就在昨天，我和一家人去野餐，他们还在蹒跚学步的儿子对一位家族老友表现得十分无礼，他的母亲命令他："快向提娜（Tina）说对不起。这样很不礼貌哦！"但是，还没等小朋友开口回答，提娜就高声地说"没关系啦！"并给他一个拥抱。于是，小男孩发现他的粗鲁态度并不会带来什么坏影响。

你也要教导他们解决冲突的技巧、保持颜面的技术及脱

身的策略。在一个家庭中，对人最有用的句子莫过于"我向你道歉"。如果家庭成员间能学会说对不起，那么很多愤怒和伤心都可以得到化解。但你要记住，男人和女人对"对不起"这句话常有不同的诠释：女人道歉比较容易，因为她们说这句话的意思是："对不起，我伤了你的心，或是对不起，我让你感到痛苦。"但是，男人就比较艰难，因为他们认为道歉等于是在说："我在吃狗屎。"

　　对于治疗后出现的正面改变，你要确定自己能辨认出来。家庭成员经常会有英勇的表现且没有人注意到，你可以指派父母积极主动地观察子女的良好表现，以及注意配偶为他们做的秘密善行。之前我遇到一对夫妇，他们在抚养孩子方面遇到了一点困难，因为他们只注重子女是否好好念书或有没有整理房间，这对夫妻其实很有爱心，只是习惯视责任为人生第一要务。在第一次治疗结束后，我听到爸爸提议开车回家途中去吃个冰激凌。于是，我把他们从候诊室叫回，恭喜那位父亲已经开始展现爱玩有趣的一面了。出乎我意料的是，听到我的赞美后，他竟然哽咽且眼角带着泪珠。

　　要善于总结，善于展示成果。人生每一阶段的平淡和深刻，总是交错掺杂着酸甜苦辣。治疗师要善于攫取那些给人印象深刻的事物并将其展现给接受治疗的家庭，譬如对一个父亲说："从你看你儿子的眼神里，我可以看出你是多么关心他是否快乐。"大多数心理治疗的节奏都是先让大家噼里啪啦地说个不停，然后经过一番内省和领悟，最后问题得到解决，大伙儿欢天喜地；反之，可能出现很不幸的局面——在畅所欲言后情况一度失控。亲眼看到事情如何在瞬间失控，或难以置信地迎刃而解，真的令人惊讶。一位同事告诉我他治疗一个家庭的经过：女儿起先大谈她自己以前做过的各种出格的事情，然后突然静下来一言不发，沉默好一会儿后，母亲开口说："我正在想'把人逼入死胡同'这句谚语。"女孩看起来有些吃惊地接话说："这也正是现在我心里想的。"我的同事赞扬那位母亲十分了解女儿的心事，他说："那我就让你们俩单独就这个问题进一步谈谈吧。"

营造一种柔和的室内氛围。夫妻可不会因为在谁洗碗的问题上达成了共识，就会记起当初结为连理的原因。问问夫妻个案他们当初是怎么爱上对方的，这招并非一定管用，但是通常听到这个问题时，个案的眼睛就开始变得梦幻，声音也开始柔软起来，然后他们会娓娓道出两人浪漫的恋爱史。若要找到亲子间的向心力，不妨问问父母小孩出生时的趣事，这会唤醒每个人最初与人产生连接的经历及一路走来的成长史。

在治疗过程中，你要冷静沉着，即使你觉得自己无法平静下来，也要表现得沉稳淡定。焦虑、愤怒和绝望是会传染的，你要示范如何控制情绪，因为接受治疗的家庭需要学习处理情绪的方法，因此，你要当希望的传播者。家庭治疗可能会让人紧张、害怕、说话时提高声调。每一个人都非常复杂，在家庭治疗中，这种复杂性更是在成倍地增长。但是，只要有希望，事情通常都会有所好转。

不管别人怎么说，家庭仍是我们欢乐和悲伤的最大来源，《希腊左巴》（*Zorba the Greek*）这部电影把家庭称为"完全的大灾难"。我的家庭让我保持谦虚，我已尽了最大的努力了，到头来仍是个不称职的母亲，我们的小孩自然也认为我们并不完美。有一次，我的儿子画了一幅画，画中他站在我和丈夫中间，他把自己画得很小，我们却硕大无比。在画作下方，他写着："她是个心理学家，他也是个心理学家，而我只不过是一个很无辜的小男孩。"还有一次，我工作一整天后回到家头痛欲裂，我儿子不断想要跟我说话，但我一直不耐烦地示意他不要来烦我，最后他把零用钱交到我手上说："如果我付你钱，你肯跟我说话吗？"

在我的孩子正值青春期时，我常在工作中看到吸毒、殴打小孩和到处拈花惹草的父母，但是他们的孩子比我的孩子表现得更好、更值得尊敬。有时我恍然领悟到我正在"协助"的夫妻是比我还称职的父母，便忍不住抄下他们的谈话，希望能对我的家庭有所帮助。

萝拉，你现在还没有成为母亲，因此有时你并不确定自己是否有能力为家庭提供有用的建议，而最好的策略就是和个案一起分享你的怀疑。这会带来一些很奇妙的效果：接受治疗的家庭通常会发现这种方法解除了他们心中的困惑，而且最后的结果反倒确认了你的理论。

呃！这封信可真长。家庭是独一无二的、多层次的且不是它们表面看起来的那样。每个家庭的家务事只有他们自己能懂，问题有时是日积月累造成的，你不必让他们在一夜之间解决所有问题。你可能会有一阵子觉得自己人单力薄且殚精竭虑，只要尽你所能即可，家庭成员自己是可以进行伤口治愈的。没有心理医生，家庭不是也存活了数千年吗？

对接受治疗的父母来说，关于孩子的成长问题，最有疗效的话是："对这个年纪的小孩，这都很正常。"

称职的父母教出自控力强的子女

第16封信

亲爱的萝拉：

上星期在农夫市场巧遇你，挺好玩的。你喜不喜欢智利的音乐？有没有买那张滚边的地毯？新鲜樱桃和杏子买了没？市场里有那么多东西可以选，而且全部都好新鲜哟！

我多么希望我们有更多时间来讨论上个星期你治疗的那个家庭。我睡醒时总记起你的评语："他们做了所有错误的抉择。"多年前我也有接过类似的案例：贾斯汀（Justin）和安妮（Annie）在一家郊外的酒馆遭到逮捕后，法院强制他们接受心理治疗，案发事由是他们两人跑去参加派对狂欢，把一个尚在襁褓中的婴儿和一个3岁大的小孩独自留在酒馆外的货车上。"参加派对"是一个我最不喜欢的动词，它涵盖了很多愚蠢的行为，掩盖了很多可能产生的后果。这个词，套用我奶奶的话，简直就是"把一堆狗屎涂成大红大紫"。总之，有人看到两个幼童坐在车后座就报警了，这一对夫妻被指控为忽视儿童，结果两个小孩被裁定暂时托付寄养，而他们也被分派到我这里接受酗酒程度鉴定和心理治疗。

贾斯汀穿着破旧的 T 恤、黑色牛仔裤和工程靴，无精打采地走进诊所。安妮则是一头红发，鼻子穿着环，脸上长着雀斑，她穿着长靴、牛仔裤及一件露背上衣，如果她体重不是只有90斤的话，看起来会很性感。她见到我的第一句话是："您看起来好像我母亲哦！"

我喜欢这对夫妻的程度让我自己都有点吃惊。贾斯汀害羞有礼，而且一副很想讨好别人的样子，自小孩被送走后的那晚，他就没沾过一滴酒，他发誓他的酒量和朋友一样多。不过，他承认："现在这个已经不重要了，我只想要回自己的小孩。"

安妮声称她甚至连酒精的味道都不喜欢，被抓那晚只是小酌了一杯玛格丽特。她有点怯弱地抗议说，那晚她每隔半小时会去外面查看小孩子是否安然无恙。他们夫妻付不起请保姆的费用，所以几乎都没有出门玩乐过，这次只是为了庆祝贾斯汀的生日，他们想应该不会有什么事。然后，她哽咽了一下说：“宝宝不在身边，我睡不着觉。”

　　贾斯汀在一家专门生产施肥机的工厂工作，安妮则在一家便利商店担任收银员，他们夫妻错开上班时间轮流照顾小孩，以便省下请保姆的钱。这也意味着他们两人经常精疲力竭而且很少有机会相聚。小婴儿不足月就出生了，因此他们还欠着医院3000美元的医药费。但是，贾斯汀不久前才买了一辆越野货车和一把鹿步枪，他也给妻子买了真皮长靴和名家设计的牛仔裤，还在他们住的地方安装了卫星天线及立体环绕音响，却没有足够的钱买婴儿专用奶粉。

　　贾斯汀和安妮都是被广告商调教出来的，他们认为幸福是拥有丰富的物质——大荧幕电视机、手机、DVD 和电视购物频道里的珠宝，他们还被教育成连白糖、咖啡、香烟和酒也要买大品牌的人。有时受到赌场的诱惑，他们也会去玩上几把，信用卡公司一步步地引导着他们走上了破产的欢乐之路。

　　幸运的子女有父母帮他们抵挡铺天盖地的诱惑，但是贾斯汀的父亲是个酒鬼，坐牢是家常便饭的事，而母亲老早就抛弃了他，任他在一个又一个寄养家庭里流浪。他记得小时候每天都会带着空空如也的午餐盒到学校，午休时间会溜出教室假装去吃午餐，每到下午，他总担心同学会听到他肚子发出的咕噜咕噜的叫声。安妮打出生后便没见过她的生父，母亲做两份工作养家糊口。贾斯汀和安妮这对夫妻从不知全家人一起吃晚餐或度假是什么滋味，虽然他们很爱他们的孩子，但是他们本身还是未长大的孩子，根本不知天高地厚。

在第一次治疗结束前，我问他们是否还会再回来，两人郑重地点点头。于是，我给了他们一个家长培训课程的电话号码，并说："下次把你们的银行账单带来，我们一起来研究下家用收支，你们可能要卖掉一些东西来填补支出。"

谈到家用收支，贾斯汀看起来有点儿忧虑。不过，他仍很有礼貌地回道："一切全凭您做主。"

听到贾斯汀和安妮并未参加父母训练课程，便重获两个小孩的抚养权，且家庭收支也控制平衡，并不令人惊讶。他们剪掉了信用卡，这总归是朝着正确的方向迈进的第一步。贾斯汀看录像带的时间比以前少了，他留下一些时间和大儿子玩球，安妮也开始利用空闲时间训练两个小孩过正常的生活，甚至不到吃饭时间，他们都不开电视。

最近有一次，我在一场街舞表演中遇见了他们及两个小孩，安妮手臂上画有棕红色的图案，顶着一头蔓越莓红的秀发，他们喝着苏打汽水，两个小孩对着手中的动物造型气球发出咯咯的笑声。

这个家庭碰巧是低收入户，但在我的经验中，花钱如流水的糟糕案例通常是富有的家庭，他们大买特买，家里的商品堆得足以淹没他们，若不丢掉一些东西并且彼此沟通，家庭中谁也不会真正了解谁。

几乎所有的家庭都需要有人帮他们厘清金钱和时间的关系，大部分人无法同时拥有时间和金钱，要求家庭提出他们对财富的定义，是一个很好的作业。我个人衡量财富的多寡，是以一年有多少天可以见到已成年的子女来计算的。而对你的个案家庭来说，他们的财富或许是以多少个晚上全家一起共进晚餐，以及一天中他们有几次坐下来一起谈话来衡量的。

特别是近十年来，我的主要工作是帮个案排定作息时间，我协助父母挤出时间与孩子共享晚餐，或制订一个全家团聚日。我鼓励父母对自己外出活动的频率设定一个上限，教育他们时间如金钱，应该依其价值和轻重缓急来分配。

说到时间的分配，我马上就想到了斯蒂芬·赫特夏芬（Stephan Rechtschaffen）医生，他在《从容的活法》（*Timeshifting*）一书中提及自己看到一辆汽车的保险杆上有一个标语"好好玩吧，多么希望我能和你在一起"。他注意到美国人总是活在未来，即使可以放慢脚步歇口气，他们也不换挡继续勇往直前。他教育我们，当下即是现在，如果你活在当下，就不会有压力。我们固然不能天天这样，但是，有些时候，我们可以暂时停下来悠闲地过日子。

　　家庭的固定仪式可以强化家人的向心力。我最喜欢的是，全家人聚在餐桌旁，每个人将一天中碰到的最棒和最糟的事情与家人分享。道别和问候的拥抱、音乐课、图板游戏和床边谈话，都可以为家庭筑出一道护城墙。我认识的一家人在每晚吃完饭后，都会到附近散步走动，探望一下邻居、看看周遭的花草树木和小猫小狗。人长大后，能记得的童年时代最快乐的三件事，莫过于与家人一起用餐、做户外活动和出门度假。因此，萝拉，你要鼓励个案常与家人一起聚餐、度假及多亲近大自然。

　　称职的父母要能抵挡住广告的诱惑，他们可以很明确地告诉子女"你不是宇宙的中心",人要学会"知足"。小孩每天都被灌输着各式各样的信息,父母是协助他们构建生活意义的不二人选,尤其是对年幼的子女,他们每天吸收的信息要尽量简单,这是很重要的。我的侄女在她母亲一次解释了太多事情时,喜欢用一个术语回答:"妈妈! TMI(Too Much Information,即信息泛滥)!"

柏拉图曾说,教育是教导我们的小孩从正确的事物中发现其中的乐趣。我们生活在一种教育我们去爱所有错误事物的文化中,如果我们不用心去接触更宽广的文化内涵,我们最终会落到不健康、神经紧绷、沉迷于不良习惯和一文不名的田地。我希望你可以帮助个案找出值得他们去爱的美好事物。对了,他们是否去过农贸市场呢?

第17封信

情绪如地区天气，各不相同，各有所好

嗨！萝拉：

　　我希望你到欧克博奇湖度假玩得愉快。我们在儿女还小的时候也曾到那儿度过假，那地方只不过是个适合儿童玩耍的沙滩罢了。不过，我想研究生在沙滩上也可以玩出很多花样吧！

　　你错过了内布拉斯加州不可思议的一天：昨天清晨天空蔚蓝而平静，到了中午气温降到了32℃，天空暗下来开始起风。小说家亨利·詹姆斯（Henry James）无疑是在乡间度过了鲜花盛放、芳香沁人的一天后，才写出"'夏天午后'是英语中最美丽的词组"这样的句子，他可是从未到过内布拉斯加州。稍晚时，乌云涌现，天空转成浅绿色，一阵龙卷风出现在南方小镇，两个小时内气温骤然降到4℃，豆大的冰雹如雨般打在我们家的草地上。但是，到了傍晚，天空又变得晴朗起来，一轮圆月在满布碎石的院落上方升起。即使身临其境，我还是很难相信所有的天气竟然在一天之中全都出现了。

世界上有像内布拉斯加州这样的天气，最热可到40℃，最冷可到零下35℃，也有洛杉矶式的天气。我的儿子曾在洛城住过一阵子，他说："我们常笑那里的天气预报，每天天气阳光明媚，气温也只变化几度。"

每个地方有不同的天气，就像人一样。在感觉的强度和心情的变化上，我们每个人并非生而平等，有些人每天面对龙卷风式的悲喜，有些人则永远沐浴在轻柔的海风中。

最极端的情绪天气是躁郁症，有些人的情绪每天都在大喜和大悲之间摇摆。我的个案玛琪（Maggie）曾被稍微不那么极端的情绪天气折磨得很惨。在每次治疗中，她总是又哭又笑，一方面，对她喜欢的东西，她可以爱到整颗心都充满喜悦，她也可以为她感到好玩的事笑到肋骨发疼。另一方面，她只要感受到一丝丝的冷淡，就会哭得很绝望。她经常沉浮在波涛起伏的情绪大海上。有一次她恸哭失声地说："我对每件事都悲喜交加，什么情绪都有。"还有一次，她对我说："您不晓得过去这24小时中，我遭到了多少情绪的蹂躏呢！"

相反，我的朋友雷蒙（Raymond）总是一副轻松乐天派的样子。他告诉我他母亲的死讯时，我的反应比他还要情绪化。

　　内布拉斯加州和洛杉矶的天气各有所长。内布拉斯加州天气式情绪的人富有创造力、心情变化起伏大，很容易兴奋，且人缘特佳，他们通常心地很好、热心助人、感情奔放，如果不是表现太过的话，这些都是优点。但是，他们也可能要花很多精力才能保持高昂的情绪，而且他们的伴侣常常表示，对他们如暴风雨般的情绪感到厌烦。洛杉矶天气式情绪的人可靠、稳重如山，但他们同时也可能如石头般无趣乏味，他们的克制和宽容可以让有情绪化的伴侣稳定下来，或者沉闷到让他们昏昏欲睡。

　　在心理治疗这个行业中，比较可能看到内布拉斯加州天气式情绪的人，他们寻求心理治疗，是因为他们需要有人帮忙修补暴烈情绪带来的损害，他们也需要训练压力管控技巧及培养乐观情绪的智慧。他们更有可能吸毒，因为他们经常需要化学药物的协助，期望能压抑内心的骚动。就像歌手兼作曲家汤姆·威兹（Tom Waits）所说："我宁可喝醉，也不要变成疯子！"

洛杉矶天气式情绪的人寻求心理治疗，通常是因为别人让他们有了不同的体会和感受。面对这种人，我们的任务是创造一个小小的情绪暴风系统，然后教他们用有趣的方式来描述它。我们指导他们注意自己的感受，避免总是以"我很好"来回应有关他们情绪状态的问题。

我们可以揣摩一种理想的情绪天气系统。然而，一如真实的天气，人各有所好，有些人偏好热情如火的诗人，有些人则喜欢稳重的工程师。

你若问我，我会选择一个像科罗拉多州波尔德镇那样的地方居住。波尔德镇四季分明，但四个季节都不会让那儿的居民感到过分严酷：冬天的雪不会持续很长，夏日热得冒火，但一到晚上，便变得无比凉爽，那里的天气比较适合举办各项活动。我有一些属于波尔德镇天气式情绪的朋友，我十分欣赏他们的性情——热情有力，却又沉静稳重。

总之，内布拉斯加州今天微风和煦，气温20℃，倒像洛杉矶的天气，这种天气我很喜欢。接下来，我就需要一些更刺激的东西了。唉！现在他们会怎么说我呢？

亲爱的萝拉：

我刚游完泳回家。游泳池岸边的温度高到38℃，像这样的天气除了游泳，还能做什么？大体来说，我会先游10圈，然后在太阳底下阅读15分钟，通常看的是《纽约客》（*New Yorker*）。虽然我现在读的是罗伯特·卡洛（Robert Caro）的《参议院之王》（*Master of the Senate*），一本很适合夏天看的好书。看完书后，我再潜回泳池游几圈。这种懒洋洋与活跳跳、热与冷、阳光与水的对比交错，令人神清气爽、舒服无比。

年纪愈长，我对游泳这个运动愈加敬重。我小时候常在比弗城的泳池游泳。泳池从下午1点开到晚上9点，整整8个小时我都待在池里跳进跳出、游来游去、晒太阳及通过啃巧克力牛奶棒和冰棒维持体力。20世纪50年代，对于在内布拉斯加州的农业小镇长大的我们来说，一座游泳池的意义是难以用言语来形容的。到了8月，我的身体已晒成巧克力色且全身发痒，我的金发也闪着一层淡淡的绿色。

我的儿子念初中时就很外向、滑稽。多年以后他说："我很喜欢上学，学校也很喜欢我。"但上了高中，他每天在游泳池里一圈又一圈地游上四五个小时，最后赢得了内布拉斯加州游泳比赛的冠军。现在很多志在游泳比赛的人会一边戴着潜水耳机听音乐、一边游泳。但是，他游泳时，除了带着专注的心外，别无他物。事实上，你在泳池里一圈又一圈游着，除了思考也没有什么事可做，于是游泳让一个睾酮激素分泌正旺的青少年一天花四个小时来专注思考，这个运动的确提升了他思考的深度，就像那个年代其他认真的游泳运动员一样。

游泳对各个年龄段的人都有帮助，小孩子只要看到水就开心得又叫又跳，管它是海滩、泥泞的小溪或仅是后院的一个小澡盆。在上关节炎治疗课时，我看到老年人战战兢兢地走向泳区，跨下阶梯时显得有些畏缩，身子浸到微温的池水时还微微颤抖。但是，在做了一个小时的水中有氧舞蹈后，他们开始说说笑笑，关节疼痛也缓和了，等他们起身离池时，行动已经比较轻松自如了。

游泳可以松弛、按摩并唤醒久经折磨的身子，对焦虑症患者、抑郁症患者及有身体健康问题和慢性病的人都是很好的治疗方式。我在撰写有关难民的书时，交了很多身心受创的朋友，我通常会安排他们定期游泳，很多人向我报告游泳是他们这一辈子所经历的最美好的事。游泳对脑内啡的冲击和它本身对感官的安抚作用，可以帮助他们治愈身心的创伤。

当一位物理治疗师告诉我，只要游泳，我的压力引起的背痛便会自动消失。于是，我开始学游泳。她讲得一点儿也没错，现在我是彻底爱上它了。我很喜欢扑通下水时引起的精神振奋和水流的爱抚，以及向前游时肌肉逐渐暖和起来的感觉。而且，在做这些肢体动作时，我等于在给自己进行水疗。当我以自己发明的蛙式游泳在水中划行和匍匐前进时，就会把上次游泳后发生的大小事情都拿出来检讨。我脑中重复回放着我与个案之间气氛紧张的互动现场，并检讨自己解决棘手问题的方法。我也重新回味了令我感到最快乐的事，并为即将到来的极难应对的个案治疗演练了一番台词。等我从池中爬出来时，我的身心更健康了，此时我的感觉和一个人在慢跑和冥想后接着去美美地做一次按摩的感觉一样。

当然，游泳并不一定适合每个人，有些人喜欢缝百衲被、打网球或高尔夫。你可以为自己和个案找到一件能让心静下来的事做，但我仍然认为没有一件事能比得上游泳。游泳是一种很原始的运动，我们都是由水构成的，很久以前我们都生活在水里，现在借着游泳，我们又重新回到了水里。

游泳可以松弛、按摩并唤醒久经折磨的身子，对焦虑症患者、抑郁症患者及有身体健康问题和慢性病的人都是很好的治疗方式。

心理医生也可能成为受害者

第19封信

亲爱的萝拉：

今天早上空气中有一种夏日将尽的味道，鸟儿成群地聚集在电线上，来自附近一所高中的乐队进行曲响彻了我的书房，园子里的翠菊、向日葵和百合花依然盛开。昨晚，我散步到荷姆斯水库，凝神观察一只红狐狸在黄草间追逐老鼠好长一段时间。

我不停地思索你的问题："如果能重来一次，您希望自己当初在学校能多学些什么呢？"在我五年的博士学习期间，我到处听有关人脑解剖学、哲学和分裂性人格的讲座，学习创造催眠情境、解释个案对墨迹图形的反应及撰写报告的技巧。但是，没有人提醒我，想要从事心理治疗行业，你要很小心，而且即使你已经很小心翼翼了，你仍可能受到伤害。

我在研究所念书时，只有一次被人警告心理咨询工作暗藏危险。这样的话出自一个社工人员之口，她被一个少年犯殴打断了好几根骨头，从头到脚裹着纱布，眉眼扭曲地警告我说："千万不要伫立在一个失控的青少年和大门之间。"

几年前，我参加了一个暴力控制实习营，在一个没有摆放座椅的教室里，主持人要求现场人员中曾遭到个案攻击过的人举手，结果有2/3的人举了手。接着，他又要求曾被个案攻击且需要治疗的人举手，单我们这个相对安全的小州，就有100位心理医生遭到了个案和其家属的攻击并严重受伤。

心理医生成为暴力的牺牲品是可以理解的，我们面对的是酒鬼、无法控制内心愤怒的人、精神变态者、陷入危机及有严重心理疾病的人。我们经常需要为孩子的抚养权问题和婚姻官司出庭作证，并通报虐待幼童和忽视儿童福利的案例；遇有青少年有自杀或杀害他人倾向的，我们必须告知他们的父母；我们要劝导帮派分子、吸毒者和偏执的枪支拥有者；也要受理因恐吓其他同事被雇主转送过来的员工。不止这些，医生、学校老师和家庭成员把他们无法搞定的个案统统推给了我们。

一般来说，心理医生并没有接受过自我防卫方面的训练，大部分工作场所并无驻派警察或安保人员。很多心理医生需要独立作业，甚至有些心理医生必须要对从未谋面的人进行家访。我的一个学生曾在东岸某小城的一家不需预约随时可以进来治疗毒瘾的诊所做晚班工作，工作地点附近的环境很乱，她没有出事已经算是很走运了。

在我的执业生涯中，我并没有经手太多由法院下令交付心理治疗的个案，而且，如果能及时找到他们本人，我会拒绝接下具有社会病态人格的个案，这种随心所欲的奢侈是大部分心理医生无法拥有的。然而，我还是接到了恐吓电话，而且有人威胁要伤害我，好几次我庆幸自己的电话号码和住址没有被公开。记得有一年圣诞，当时我在一家灯火通明的银行大厅内，看着我5岁大的女儿和很多爱好音乐的小伙伴一齐拉小提琴演奏圣诞颂歌，一个曾经接受过我短暂治疗的个案对我进行了跟踪，并恐吓要杀害我，我被吓得哭出声来。她和她的小伙伴们看起来是那么天真脆弱，但外面的风雪把我们的小城搞得又黑又冷。

我们自身的安全，部分系于疗程中我们言词是否明确果断，虽然这是一个十分复杂的问题。有时基于职业道德，我们有责任劝导个案做一些可能置我们于危险的事情，我们可能不得不坚持要求个案报警，以保护他们的小孩远离有暴力倾向的亲人。然而，一般而言，我们的工作并不是指导个案做这做那，而是告诉他们有哪些选择，厘清他们的问题并帮他们预测未来。但是，在疗程之外，我们无法控制个案如何转述我们的话，很多个案告诉他们的家人，我们教他们应该做他们自己想做的事。只是很不幸的是，他们自己没有勇气作出决定。

我曾经为一个把自己丈夫说得很难听的个案做心理治疗。在疗程的尾声，她宣告将要申请和丈夫离婚，我劝她不要那么急，可以考虑先去做婚姻咨询。但是，她开车回到家后告诉她的丈夫，心理医生（我要）她立即和他分居。隔天，她丈夫打电话来先是对我指天画地地发誓半天，接着便威胁要把我痛打一顿。幸好，我好说歹说终于打消了他的怒气。

很多心理医生因为害怕被指责处理问题不当，不敢和同事讨论与个案之间发生的可怕事情，这便大错特错了。你要拟订一个防范工作危险的计划，和同事相互约定，一旦治疗过程中出现不对劲的迹象，要发出什么暗号来通知对方；要去上几堂自我防卫的课程，家庭电话和地址要保密，在疗程中不要谈及个人的私事，也不要公开陈列家人的相片和其他纪念品。同时，千万不要用比喻或直接的言语夹击你的个案，个案一旦感觉自己被他人设计，可能会变得更具危险性。

如果个案让你感到害怕，千万要当心。若觉得不太安全，不要再走下去；倘若已经踏进去了，要立即小心地退出来，这不仅是保护自己，也是为个案和其他相关人员着想。你有责任随时评估可能的危险。如果的确有风险，你要采取一切可能防范的措施来保护所有人，例如，多找一位心理医生和你一起进行咨询工作，或者请教律师或报警。

萝拉，这封信没有要吓你的意思，而是真的基于"一分防范胜于十分补救"的道理。心理学领域常有否定危险存在的倾向，大多数心理医生都很温和、信任他人，很难相信有人会伤害他们。但是事先多一份提醒，就多一份武装防卫，我不希望你每晚都睁着双眼、害怕颤抖得像一只被红狐狸跟踪的老鼠难以入眠。

写作与心理治疗

第20封信

亲爱的萝拉：

去年的9月11日，我的女儿莎拉正在开普敦。我十分担心她的安危，内心掺杂着深沉的恐惧，担心她的航班会被取消，或者她返家途中会不会遭到恐怖分子的另一次袭击？

一年后的同一天，很凑巧的，我也在南非出差。我开车一路穿越野花盛开的大草原来到好望角，并徒步爬上桌山，感受围绕在我身旁宛如"桌布"一样的浓雾。我参观了贫民窟兰加小镇和第六区博物馆，这个博物馆是开普敦版的纳粹大屠杀纪念馆。我也参观了纳尔逊·曼德拉（Nelson Mandela）被囚禁30年的罗本岛（Robben Island）监狱。

想起去年9月11日女儿回家的事情。莎拉好不容易从南非回到家后，人突然变得与我们有些格格不入。为了处理她内在的巨大伤恸，我建议她把心中的感受写下来，我说："写作对我是最好的心理治疗，我无法理解人如果不靠写作抒发感情，要怎么活下去？"

你最近问我，写作和从事心理治疗，哪一个我比较喜欢？你真的把我问倒了，我感觉这像在问我比较喜欢自己的哪一个小孩。我仍在思考你的问题，也理解到这两个行业有多么相似。多年来，我都是在早上写作，把心理治疗留到下午做。做这两项工作时，我都要在房间里花一点时间等待灵感的降临，为达此目的，我还要装模作样地摆出相当多的繁文缛节。作家和心理医生都有特定的仪式来引导自己进入状态，而写作时触发我灵感的是饮料和书桌。写作时，我必须坐在那张可以眺望花园的书桌前，并辅以咖啡提神助兴。我的书桌上总是摆满了各式各样的笔和纸，这样我才写得下去。而在做心理治疗时，我的桌子上一定会有做笔记用的标准笔记簿和瓶装矿泉水。但是，我尽量会在两张桌子上都摆上鲜花。

不管是写作还是心理治疗，若电话响起或突然头痛，都可能打乱我的节奏。一天下来，我的臀部发痛，而且不确定自己是否忙了好一阵了。等我重新进入有交通工具、家人和电视晚间新闻的现实世界时，我的心神还有点恍惚。

诗人威廉·卡洛斯·威廉斯（William Carlos Williams）写道："多听、多看，不要丢掉你的任何所见所闻。"这个忠告对作家和心理医生同样有用。我们这个行业需要用到的工具包括直觉、智慧、亲切的态度和人格结构，写作和心理治疗都牵涉提出问题、引出问题并加以解决的高度训练，也需要费神挖掘情绪下的真相，两者都要求我们使出浑身解数并倾力而为。

作家罗森·布朗（Rosellen Brown）给所有作家提出了一个简单扼要的建议：表现出来、集中注意力、写出真相且不要太在意结果，这套规则用在心理医生身上也很合适。作家和心理医生都在走钢索，我们必须努力工作。但是，我们又必须不计较成功与失败，否则我们会很辛苦。从事心理治疗和写作若太过于患得患失，就会像睡觉要立即入眠、做爱要达到高潮，或要极力成为大众宠儿一样，终究是行不通的。

我在大学念了四年，在研究所念了五年，才拿到临床心理学博士学位。但是，写作部分全是我自修自学的。所有作家和心理医生无论师承何方，都要通过自我教育而形成自己的观念。我们也需要从犯错、改错中不断学习，没有人一开始就做得很好。经过十年的辛勤努力，身为一个心理医生兼作家，我大部分时间都清楚自己在做什么，那时我已经养成了良好的习惯，且对两项工作的概念很清楚。但现在，我仍在不断地学习，想超越这个能力之外的东西。每个人都是独特的，世界上没有哪件事会重复发生。

能力不错的作家和心理医生经过多年的累积能创造出一种声音。从理想层面来说，这种声音能表现一个人最佳的内在知识。以真实的声音进行我们的工作，在旁人看来会十分自然轻松。但是，我们大多数人都必须付出很大的努力，才能找到让我们的工作发光、发亮的声音。

在写作和心理治疗上，没有比找到一个令你心仪的向导更重要的了。若与著名主持人比尔·莫耶斯（Bill Moyers）、诗人玛丽·奥利弗（Mary Oliver）、专栏作家莫莉·伊文斯（Molly Ivans）同行，纵然只是驾车去垃圾回收中心，我也会很高兴。若与无趣、惹人厌的家伙做伴，即使是到花都巴黎旅行，我都会害怕。好的向导是虚怀若谷、能力高强、和蔼可亲且冷静淡定的，他们散发出一种融合了天真和成熟的独特气质。更重要的是，好的向导值得信任且能鼓舞带动他人。

　　写作和心理治疗都要求接受对象能产生情感反应，就像读了一本好书后，读者受到了改变。比如，《战争与和平》（*War and Peace*）、《寂静的春天》（*Silent Spring*）等名著就永远改变了这个世界。在一次深刻的心理治疗后，个案开始愿意检讨自己的生活方式；有严格信仰的父亲谈起儿子笃信的佛教会说"出自好人口中的祷词都是美好的"；无情的丈夫终于说出"也许我还没有真正看到我妻子真实的一面"的话；酗酒者开始想"如果我丢掉酒瓶，也许人生会更好"。

　　两项工作都需要言辞上的机智。但是，油嘴滑舌也可能会适得其反。太过优雅的写作会让读者分心，而且，我曾经看过一位心理医生在展示一种高超的技术时，把个案的名字喊错了，到头来那个个案觉得这位医生并不怎么样。

　　作家和心理医生要"见人之所未见，发人之所未发"，这种需要经常提醒和警告的工作带有很大风险且并不讨好。我们习惯对喜欢听假话的人说真话；经常劝导别人家的女儿"你可以谈谈你继父虐待你的经历"；对烟草公司提出"我们知道你正对儿童大做广告，这是不对的"的劝告。

作家和心理医生总共活了两次：第一次是亲历事件现场，第二次是把这个经验运用到工作中。二者在面对可敬的敌人时，作家称之为内在批评或创作瓶颈，心理医生则称之为抗拒治疗。我们唯有学会面对并将之征服，才可能成功。

　　作家和心理医生都游走在他们领域的边缘。作家威廉·福克纳（William Faulkner）说："写一本小说，就像在暴风雨时，试图将鸡场的鸡拢在一块儿。"毛姆的心得是："写小说有三个秘密，很不幸的是，没有人知道它们是什么。"

　　心理医生的工作极其复杂且模棱两可，成功的治疗案例是难以捉摸且只是一时的；作家必须与我们的意识持续奋战，必须意识到无论我们怎么做，都是无法改变人类的。这两项工作都令人感到挫败、要求过多，且充满情感危机，但同时它们也是眼下最好的工作。著名诗人威廉·斯塔福德（William Stafford）对写作这一行的感想是："如果你受得了，那它真的很有趣。"

　　很多心理医生对他们能有此荣誉从事这个行业而心存感激。况且，活了那么多年，我还从未碰到过哪个作家说她对自己的职业感到后悔的。这两项工作都享有很高的报偿反馈——拥有圆满、有深度的人生及接近事情核心的交谈。我们能从事这两项工作真的很幸运。

萝拉，我希望有一天你能到开普敦一游，我将带着悸动和不平静的心离开此地。在兰加小镇，当地女人指着唯一的一架抽水机用手搓洗衣服，布满苍蝇的羊头堆在街角，那是这个悲凉小镇的穷人家的肉食来源。然而，紫薇花树上挂满了紫色的花朵，还有一棵名叫"昨天、今天、明天"的树，盛开着雪白、粉红和鲜红三种不同颜色的花朵，这不正是诗人或心理医生可以引为比喻的景象吗？

职业道德不缺席

第21封信

亲爱的萝拉：

让我告诉你一个有关一名无执照的心理医生在我的故乡胡作非为的故事。这个巧言令色的家伙找到一个孤独寂寞的富婆，安排了一周七天、每天七小时的心理治疗，整日和那个拥有巨额存款的妇人独处一室。终于他引诱富婆成功，还把她的钱财骗个精光。富婆破产后，那家伙便一脚踢开她，她受不了打击，吞了一整瓶安眠药企图自杀，最后落得了精神崩溃的下场。富婆的亲戚只好出面照顾精神失常、一穷二白的她，并向卫生部门检举了那个冒牌的心理医生。但是，那家伙来得急、去得也快，转眼不见人影，现在他铁定又在另外一个州欺骗客户呢。

谢天谢地，像这么糟糕的事情并不多见，那家伙不仅没有职业道德，而且还犯了刑事欺诈罪。心理学家失去职业道德的原因大概有三个：出于贪心操纵个案（幸好只有少数）；接触的人不够多，个案是他们唯一的人际关系（这个也不多见）；封闭自己或职业疲乏、失去立场（占大多数）。幸运的是，心理学这行有道德准则来保护我们自己和个案，有时候，这套道德准则加上一些规定就已足够。古希腊医学之父希波克拉底（Hippocrates）有句很有名的格言："医生不会伤人。"这句话适用于很多情况，正如我母亲在和我们的小孩道别时总会提出的忠告——"要善待彼此！"

但临床实践中，有很多问题并不是这些简单的准则能够解决的。对于到底要不要把我的诊断结果告诉个案、保险公司或精神疾病中心，我的内心经常充满了矛盾和挣扎。因为诊断仍是相当主观的结果，即使支持诊断的证据强而有力，我仍不太敢对个案下任何定论，除非我认为这么做利多于弊。

我曾经治疗过一个险些被认定罹患强迫症的男孩奥利弗（Oliver），他动不动就洗手，洗到手都脱皮了，而且他坚持要将他所有的物品都要放在固定的地方，他还过度在意自己的功课和发型。如果照此就对奥利弗作出诊断，他或许可以在学校得到额外的关照，但是我担心这个标签可能会影响他的自我认知，以及别人对他的看法。最后，我决定不给他贴上标签。我和他的父母商讨如何转移他的注意力，使他不再重复这些动作，必要时，他的家庭医生也可以开药给他服用。这些治疗步骤都没有要求我们必须对奥利弗作出正式诊断。

我们无法预测一个标签可能引发的所有行为，下诊断有得有失，可能会引导我们走入困境，也可以帮助我们解决问题。我们在为个案下诊断前须扪心自问："下这个诊断所为何来？诊断结果能否让个案得到他们需要的帮助？这个结论是否会伤到个案？"

另一个道德问题涉及了解和赞同两者之间的差异。在看诊一段时间后，我发现不难了解个案为何出现那样的行为，但我必须很努力才不致把理解和宽恕搞混。有时这中间的界限极为清楚：一个受虐儿可能会虐待动物或纵火（可以理解但可怕的行为），我可以关心这种小孩的处境，但我厌恶他们的行为。但有时候情况更糟：一个从小在冷酷的家庭环境中长大的男子不断地勾引女性，玩弄完她们后便甩掉。因此，我必须确定立场，了解他的成长背景，但这仍不能掩盖他的特殊癖好会令其他人心碎的事实。

将了解和判断分开需要某些微妙的心理技巧，种族歧视就是一个例子。我经手过状况最严重的种族主义者来自一个充满仇恨和暴力虐待的家庭。我对那个男个案深表同情。就某些方面来说，他其实比他的父母还要善良。这个人一想到妻子可能会带着小孩离他而去，便在我的诊疗室低声饮泣起来。他是一个标榜白人至上组织的成员，我必须想办法面对这个事实。最后我正式告诉他，如果他还和那个组织纠葛不清，我没法给他治疗。我对他的意识形态如此深恶痛绝，以致把我们之间的关系都搞砸了，他连钱都没付就走人了，而且再也没有回来过。

另外一个个案是因为无法克服与一个已婚男人有染的压力，来找我看诊。她一心想说服那个多金的情郎离开他的妻子和三个子女，并娶她过门。我告诉她，我不会帮助个案去达成伤害其他人的目标。

我也治疗过一个靠购物来压抑内心哀伤和愤怒的女子，只要上街购物，她的精神就来了。购物是她人生的一大乐趣。我私下引导她去做义工、散步及阅读好书。

萝拉，告诉你这些故事并不是要说明我做了多少可引以为傲的好事。事实上，在上面举的这些例子中，我至今仍无法确定当时我是否做对了。那个标榜白人至上的种族主义者，离开我诊所时的怒火比他刚来时更旺；那个想嫁给富人的女人终于如愿嫁给了她富有的男友，我每个星期都会在电影院、杂货铺或咖啡馆看到他们出双入对。另外，更尴尬的是，那个喜欢购物的个案后来只肯到路面铺得光洁漂亮的场所走动，其余哪里都不想去，而且她宁可玩乐透也不愿读著名作家薇拉·凯瑟（Willa Cather）的小说。

我说这些故事给你听，目的是要告诉你我的价值观的确影响了我的工作。看诊多年来，我的个案有的又重拾书本回到大学，有的又开始听古典音乐或担任义工，我认为这些都是很有价值的事。尽管有些人不以为然，但是我们不能宣称自己采取中立的态度，也不应该自我标榜，我们有责任向个案坦白并表明我们的价值观。

心理医生有时对邪恶之事表现得过于天真。我记得有一位心理医生和一个刚从我们的州立监狱释放出来的杀人犯约会，旁人一眼便可看出他是个烂人，只对女心理医生的肉体和她名下的公寓感兴趣。但是，她宣称她看到了他内心善良的一面。或许吧，但是我觉得她严重缺乏判断力且到了毫无常识的地步。

一个清楚的头脑才能让同情发挥作用，太好心或糊里糊涂可能给我们带来麻烦。我们的职业道德责任之一是，评估谁有可能伤害他人并采取措施保护可能的受害者。如果我们怀疑一个男子有攻击他女友的可能性，我们就有义务提醒她。我们若知道哪个青春期的少年正在吸食海洛因，我们就有义务通知他的父母，并为他寻求戒毒治疗。

最后，我们还有一个道德责任，即我们需要认清自己并非万事通。每一颗心都是一个难解的谜，只不过有些人的心比别人更难洞悉。要一个中产阶级的白种人去了解非洲裔的美国人、残障人士、难民和穷人并不是容易的事。除非我们真的很努力去了解我们的个案所处的环境，否则我们提出的忠告可能会很荒谬。

年纪大的个案让我学会了谦虚。我离80岁高龄还有一大段路，因此很难想象自己80岁时会是什么光景。对一个拥有许多我所没有的人生经验的老人提出忠告，似乎有些荒诞不稽。我怎么知道如何应对失去老伴、手足、朋友和家园的伤痛呢？我曾为许多老人看诊，你将来也会。而不可思议的是，有时我们还真能帮上忙。

除了那些不负责任的、只顾做生意的下流骗子或没有立场的人，没人能因当心理医生而大发横财。心理医生赚的钱仅够糊口，而且从某个角度来看，我很高兴我们没有赚更多。如果我们靠这行发大财，那么将会招来更多"烂苹果"加入我们的行业。我们几乎都是因为想帮助他人才从事这一行的，我们爱我们的个案，同时个案也会以爱来回报我们。

心理医生是讲故事的高手

第22封信

亲爱的萝拉：

　　1944年的今天，我的双亲在加利福尼亚州米尔谷的红杉林中结为连理。当日阳光普照，两人都穿着军服参加婚礼。典礼结束后，他们和亲友便赶到旧金山吉尔利街的一家美式餐馆举行婚宴。我的母亲艾薇丝（Avis）当时是个军官，我的父亲法兰克（Frank）则是被指派给军官擦皮鞋的二等水兵，这是个俊男靓女的组合，两人活力充沛、深具冒险精神。他们的恋爱史十分戏剧化，有时也很搞笑，可现在回想起来，虽然充满刺激，但充分预示了他们日后的夫妻生活必然挑战不断。

　　我的双亲已过世多年，但我很庆幸我母亲是个讲故事的高手。每当我俩一同搭车出诊或前往医院时，她都会给我说上成百个故事。在父母站在一株红杉树下说出婚姻誓言的58

年后的今天，他俩的身影至今仍闪耀在我的记忆中。

昨天我在杂货店遇到了我的一个老个案郝尔（Hal），他身着一件名家设计、看起来很学院派的 T 恤，只不过上面印的大学标志是"兴奋状态"（Euphoric State）。看到这个标志，我笑了出来，因为多年以前郝尔曾因抑郁症之苦来找我治疗。当时他还是个卡车司机，生活单调乏味，我问了他一些和成长背景相关的问题后，才想出帮他的方法。我问他："你记得自己呱呱落地时的一些事情吗？你是在父母期望中出生的孩子吗？你小时候是什么模样？你上学第一天过得如何？"对这些问题，郝尔完全答不出来。当我问他全家有没有过一起去度假时，他才开口回答说："从没有过。"我再问他家里有没有一些世交好友，他说："我的父母都很内向、不太和别人往来。"我又问他有没有什么嗜好和兴趣，他也摇头。郝尔对自己的童年几乎没有什么印象，成人后也没有什么值得被称道的事，他只有一件事可说——他是个悲哀、无聊的单身汉。

郝尔的双亲过着与外界隔绝、疑神疑鬼的日子。他的父亲不知何故得了个"面疙瘩"的昵称，但我怀疑这个昵称和他缺乏魅力和平常不太爱与人打交道有关。"面疙瘩"不准其他人在餐桌上或在他开车时说话。郝尔一开口，他老爸就骂道，"你以为你算老几呀？"或"该死，如果你觉得自己那么行的话……"郝尔很快便再也不主动挑起话题了。他的妈妈十分内敛，话不多，因为她很清楚自己不是那么灵光。郝尔的姐姐和他年龄差一大截，且在16岁时便早早出嫁了。用完晚饭后，"面疙瘩"就回到店里看店，妈妈在卧房看言情小说或拿着钩针编这织那的，整个屋子最大的声音便是老祖父级的挂钟每隔一刻钟发出的鸣响。郝尔对我说："我喜欢那挂钟。"

我们无法让郝尔的童年重来一遍，但我们可以重建它。我帮助他发掘一些陈年往事并为他自己创造一些新的生活题材。他的父母俱已去世，我命他打电话给姐姐和姨妈，要她们帮忙填补他那段被我称作"遗失岁月"的过去，他记下她们忆起的昔日点滴，然后我们再一起加以润饰。譬如，他姐姐记得他多么期待每周一次的烘焙日，他妈妈和姨妈星期六都会烤一种瑞典裸麦面包，郝尔总会在面包上涂满厚厚的温热奶油和肉桂糖粉，然后跑到后院坐在枫树下大快朵颐，而他的姨妈记得郝尔老喊肚子饿。我们把这些记忆的碎片转化成人生的论题——以前他总能对生活中的点点滴滴深怀感谢，也常渴望做些冒险的事或渴望与人交往，而且他至今仍然保有那深层的渴望，现在他准备要来实现这份渴望。

我规定郝尔每周要在目前的生活中加进一些冒险的新鲜素材。起初他怀疑自己能否做到，但当他很认真地去寻找时，就发现他身边处处有好玩的事。在与我分享这些故事时，我鼓励他回想生活中那些特别重要的细节和闪闪发光的时刻，并问他那些事对他的意义。例如，巧遇一位老同学或帮一位老人换下泄气的轮胎等。我们愈谈愈深，这些记忆也跟着扩张了，他的高中同学很高兴与他重逢，郝尔意识到他的求学经历也成为一个有些正面价值的故事。而换轮胎事件则变成一个体现他胸襟宽大、喜欢助人为乐的故事。

一个人的日子过得很有趣和一个人的个性很有趣，完全是两回事，这其间的差别就是能否把生活中发生的故事讲出来。也许事情本身并不特别吸引人，但是故事说明了一个人的动机、欲望和个性。一如善良美好的故事能创造健康的人群和文化，病态和不健康的故事会培育出精神萎靡的人群和文化。

心理医生本来就是说故事的人，大部分个案需要一些能让他们以更乐观的态度来看待这个世界的故事。心理医生杰·哈利（Jay Haley）鼓励同行帮助个案想象自己是伟大史诗中的英雄，他也谈到"化悲剧为音乐喜剧"的方法。内容更好、更优良的故事会让我们的个案觉得他们自己具有英雄气概，会更加热情、有趣。

我曾治疗过一位老人玛丽安（Miriam），她背负着照顾染上毒瘾孙子的重担。当玛丽安走进诊疗间时，她已被折磨得不成人形——意志消沉、了无生气且被生活重担压得喘不过气。她认为自己在往后的日子里将是永无止境、一成不变的苦工，且自认为是一个形容枯槁的可怜人。她在第一次治疗中就从头哭到尾，她说："我看你也帮不了我的忙，连上帝都没法帮我。"我想她既是个虔诚的信徒，也许能够接受我把她比喻成特蕾莎修女的说法。我告诉她，她此生的任务就是来帮助弱小，照顾孙子是个很重要且高贵的工作。我说："职责需要，你就跑来了，这是你可以引以为傲的。"这个比方虽然并没有把脏兮兮的尿布和哇哇哭叫的婴儿变走，但是，它给了玛丽安一种荣誉感。她终于同意回诊，而且如果她再来，我一定要帮她找一些支援，我说："即使是特蕾莎修女，她也需要一些支援。"

很多夫妻需要一些新鲜的故事，而经常争辩不休的婚姻可以定义为充满激情的婚姻。我们可以把这种经常吵吵闹闹的个案夫妻拿来和更亮丽耀眼的夫妻相较，比如麦当娜（Madonna）和盖·瑞奇（Guy Ritchie），以及莎翁名剧《驯悍记》（*The Taming of the Shrew*）中的凯瑟琳（Katherine）和彼特鲁乔（Petruchio）。同时，我们可以建议我们的个案能够有效地利用精力并将其转化成持久的热情。

难民经常构建新故事，他们带着残酷的受害者记忆来到美国。我要他们回想过去有什么引以为荣的事迹，他们常常会记起自己的一些英勇和慷慨大方的行为，而故事中的一个小小的转变，便能使他们对自己的认知产生极大的启发。一个从波斯尼亚来的年轻女子记起乱军来到她家时，她把妹妹推到一扇门的后面，妹妹因而逃过了被强奸的厄运，这份回忆使她觉得自己很高贵而不只是肮脏不堪。他们的人生不尽然是一片荒原废墟，我们可以帮他们在一堆石头中找到被埋在底下的珠宝。

瑞典女作家伊萨克·迪内森（Isak Dinesen）曾说："若能写在故事中，所有的哀伤可能就都可以忍受了。"我们可以帮助个案叙述得更加丰富、繁复且更富有希望。达到这个目的的最普通办法是，当听到个案说一个悲惨的故事时，我们可以立即回问"你从这个经验中得到了什么？"说起来真神奇，我还没碰到过哪个个案说他一无所获的。

我很骄傲地向你报告，在蔬果部门遇见郝尔时，他告诉我一件事，这个故事绝不是我听过的故事中最动人的一个，他也没名嘴史达兹·特克尔（Studs Terkel）的功力，但这可是真人真事：他带着女友开车到黄石公园旅游，一只熊闯进他们的车子吃他们的补给品，郝尔最后把它赶走了。故事中的郝尔受到女朋友的万般爱戴并且成了一个英雄，对他而言，印有"兴奋状态"标志的 T 恤恰好反映了他已获得新生的事实。

　　我的父母结婚后并没有像王子和公主般从此过上幸福快乐的生活。他们的婚姻充满了惊涛骇浪，反倒比较像凯瑟琳和彼特鲁乔。但是，他们两人都很会说故事，这极大地丰富了我的童年经验。长大后发生的大大小小的事，都会让我回想起小时候听过的某个故事。萝拉，我们不妨在这个秋天的指导课程中找一个时间，抛开手边案例，专门只讲故事。在那些漫长黑暗的季节里，就是这些故事让人类得以生存，并能保持理智和健康。

心理医生本来就是说故事的人，大部分个案需要一些能让他们以更乐观的态度来看待这个世界的故事。

以平常心面对抗拒

第23封信

亲爱的萝拉：

伊拉克人有一句谚语："你可以叫醒一只正在睡觉的狗，却叫不醒一只假装睡觉的狗。"今天的早报刊出了一张艾玛（Emma）的照片，在我看来，她只不过是个郁郁寡欢、桀骜不驯的青少年。艾玛是牧师家的小孩，她父母因她不肯和家人一起吃饭，带她来看诊。艾玛刚从法律系以优等成绩毕业，想到她现在利用她的父母来练习在课堂上学到的辩论技巧，我呵呵笑了起来。

在我们的第一次治疗中，艾玛始终双臂交叉环抱胸前、一直看着窗外。我嘴里念叨着实在不愿意浪费自己的时间和她父母的金钱时，她竟嘲讽地说："随便你念叨个够吧！"等我提到我见过的所有滔滔不绝的个案时，这个安静的个案才开了金口，而这一说便没完没了，我都插不上话。她的问题就是不听别人说，所以我就听她怎么说。我寻找着能深入她世界的切口和能打动她的比喻，以及建构她处境的新方法，然后，我等她来问我的意见。经过几次治疗后，她果真来向我请教，虽然我在回答问题时，她故意戏剧性地打起哈欠，但是她真的采纳了我的一些建议。

在我们的对话中，我总是让艾玛作决定性的发言，这是对付顽固个案的一个重要技巧。一旦她雄辩滔滔地表演完她的拿手好戏后，就会平静下来且变得比较没有攻击性，趁着这个缓冲期，我便可以偷偷跨进一小步。我和她就这样有如跳华尔兹般地前进后退了好几个月，她从未真正敞开胸怀接受心理治疗，但是只要没有人逼她承认这点，她还是有一些进步的。在治疗接近尾声时，艾玛已经开始和家人一起用餐了。

心理学家卡尔·罗杰斯曾提到变革的悖论——人只有在觉得他的真正自我被他人接受时，才会认真考虑改变。抗拒改变是人类本性的组成部分，任何时候只要一听到有人被描述成"不太能听得进别人的批评"时，我就会反问："谁又能听得进别人的批评呢？"

我们每个人都想要进步，却不喜欢改变，尤其是外界加诸于我们的改变。

无论问题有多么严重，我们通常喜欢让它保持模糊和不确定。然而，当压力一来时，我们宁可面对自己的问题，也不愿去处理别人的问题。就某个程度来说，我们本身就是问题所在，丢掉了问题就等于遗失了自己。

心理医生可以带一匹马儿去饮水，但不能让它写日记和做运动。事实上，人们只做自己想做的事，我们最大的挑战就是帮助他们做最合乎他们利益的事。我们都听过一个古老的笑话："心理医生要花费多少时间才能换好一个电灯泡？只要一个前提，电灯泡愿意改变！"如果我们的个案真心想要改变，那么教育、榜样、支持和劝勉都会有效。

个案来找我们治疗，可能是因为他们不想失去他们所爱的某个人，但他们通常又不想花那么多时间和精力来解决这个问题。事实上，心不甘情不愿的个案可能只是把心理治疗当成一种工具，借此让别人不再来烦他："不要再盯着我是否喝酒，我正在做心理治疗来甩掉这个毛病。"更多时候，人是为了回应别人对他的爱和关怀才会作出改变，比如很多父母在幼儿的哀求下戒掉了烟瘾，很多青春期的少年在爷爷带他去钓鱼后，心性才稳定下来。

要阻断一条咆哮汹涌的河不太可能，但你可以挖一条小沟渠或建一座小水坝来改变河的流速。引导抗拒转向比正面冲撞要好，比如，你可以说些"我同意你的一部分说法，但是有一些小地方，我还有点疑问""我想知道你是否对你现在的立场存有一丝丝的怀疑"或"我看得出来你不太喜欢我的建议，但是我想知道你是否可以考虑先试几天看看"等诸如此类的话。

你也可以告诉个案，有一个和他情况类似的人，在做法上和他有一点小小的不同，或者你可以列出不改变的好处，然后等你的个案来跟你辩论。当个案问我他们是否还有时间来解决问题时，我最爱的回答是："你的时间恰好足够。"

权力斗争有两条规则——躲开它或赢得它。在心理治疗上，要赢得权力几乎是不可能的，毕竟是我们的个案在掌握他们的人生，但是，我们仍可通过间接的方式赢得权力。在治疗生性害羞、生活几乎无乐趣的琳恩（Lynn）时，我建议她多做运动，她回答说不可能，并搬出上百个她不能运动的理由，即使一星期走五分钟的路都不行。最后我建议她养一条狗，这个主意有三层意义：其一，狗会成为琳恩心灵的依恋对象，这对治疗抑郁症通常很有效；其二，狗也提供了帮助琳恩打开窗门和别人开始沟通的话题；其三，每天遛狗可以给琳恩注入一些脑内啡。

琳恩答应去领养一条狗，但并非是接受了我的意见，而是基于她自身的安全考虑。杜克（Duke）是一条体形硕大的狗，很喜欢在户外蹦来跳去、追逐嬉戏。很快，琳恩牵着狗每天愈走愈远，在杜克后面跑给了她足够的运动量和刺激，她不再需要用药了。此外，在遛狗的小道上，她不时碰到其他狗主人，会与他们聊上几句，而且在和同事提到杜克时，她永远有说不完的话题。

我们将诱导他人涉入一种几乎和他们内在的频率和谐一致的神秘状态称为"同步共振"或"声息相通"。一旦有这种感觉时，我们就会马上知晓。科学家有一个专门术语——"边缘共振"，指的就是哺乳类动物有感知彼此情绪状态的天赋。当我们感受到个案十分专心且逐渐开始接受时，改变最有可能发生。当我们感受到这种感觉时，我们的心胸会更加开阔、更容易吸取新的经验。作曲家本杰明·詹德（Benjamin Zander）说他一眼就可知道听众是否和他情投意合，因为他们的眼神会闪闪发亮，这发亮的眼神便是你和个案的频率已搭上线的征兆。

个案来找我们时，他们常常已经准备好要改变了。时机便是一切，如果时机抓得恰到好处，即使是很小的建议，也有可能改变一个生命。如果时机不对，再大的雷声也起不了太大的作用。心理治疗的艺术是——比个案超前一小步，你要准备随时让个案讲出这句话——"啊！这正是我现在心里所想的"。

若介入的时机不对，比什么都不做还糟糕，它可能会毁掉你卷土重来的机会，并招来极大的抗拒。举例来说，我曾错误地建议琳恩去参加教会举办的单身聚会，她当时还没有学会什么社交技巧，或有足够的自信来参加这种活动，因此她度过了一个尴尬、痛苦的夜晚，从那以后，我再也无法说动她去参加类似的活动了。

意识到我们的时机已经流失的一个表现是，我们发现自己已懒得再对个案说些什么。最有可能的情况是，我们已经感受到个案根本不想再听我们说什么了。感觉到个案的抗拒而不加理会，并不是个好主意，但面对吸毒成瘾的个案则是例外。几乎没有一个沾染毒品的人愿意讨论他们的瘾头，但是等他们快上瘾时才采取行动实在太危险了。然而，当我发现自己解释过头、谈话一再重复或和个案开始辩论起来时，我意识到自己踢到了一面墙而且根本没办法把它击垮。

个案没有按照我们的要求改变时，我们私下也许会想："搞什么呀！竟然不听我精心构思且极有传达技巧的高明意见。"但是，人生常比这更复杂。艾玛对我的态度和行为与我无关，但如果我一直强调她的抗拒态度，就只会让她更难克服这种行为。

萝拉，你可借着个案的抗拒去搜集关于你自己和他们的信息。你若想完全躲掉抗拒，唯一的办法就是待在家里不出去工作。

失败的治疗在所难免

第24封信

亲爱的萝拉：

　　一个理想形态的案例是，个案因为某个问题找上门来，心理医生和个案发展成相互敬重、互相关怀的关系，他们解决了眼前的问题，且探索了个案的其他生活层面。然后，个案带着医生的建议离开，过一段时间再回来告诉心理医生，那些建议对他很有帮助。心理医生会利用最后一次治疗来确认治疗成果，讨论未来可能出现的问题和克服方法，并对个案真正的成长大加赞美一番。但是，这种理想案例并不会经常出现。

　　有一次你问我："你失败过吗？你犯过的最大错误是什么？"我一直拖到今天才想回答你。承认失败很痛苦且有一点儿丢脸，虽然我从来没有遇到过自杀或在治疗中攻击他人的个案，但是我出的一些差错还真是别人都做不来的。

有些失败是可以预见的。我常常对那些问题根深蒂固、乱糟糟的家庭无可奈何，尤其是如果他们在约定的时间很少露面时，我一点儿办法也没有。很悲哀的是，我永远想不出用什么法子来帮助患有人格障碍的个案，人格障碍是我们形容失去心智的人的学术用语。我曾治疗过一个靠魅力行骗且到处拈花惹草的个案诺尔（Norn），他的人格结构其实已经定型了，我只不过是另外一个掩耳盗铃的人，最后诺尔的生意因他的腐化作风而失败，但他长期受煎熬的妻子始终对他不离不弃。虽说"时间可以治愈所有的伤口"，但是，它同时也伤害了他们一家人，我对诺尔和他的妻子进行的几次咨询谈话和指派的家庭作业其实并没有多大帮助。

另外有些失败是意料之外的：个案似乎很理性，在治疗过程中极为投入且达到了他们预设的目标，却突然放弃不来了；或者用一种从鸡蛋里挑骨头的态度蓄意干扰治疗。

如果心理治疗一开始就已注定无法成功，我事后只会简短地检讨一下，我会问自己："是不是有什么我可以做但没做的地方？我遗漏了什么吗？"问完后我就不再去想它，继续做我该做的事。然而，如果我先前对治疗结果抱有很高的期望，结果却差强人意，我就会有上当受骗的感觉，通常我会尝试说服个案来做最后一次治疗，共同讨论一下我们碰到的困难。我也会向我的同事复述治疗过程，请教他们是否有别的办法。有好几个晚上，我会辗转反侧，反省自己的愚蠢。

如今回想起来，有些错误再明显不过了。我有一个个案汉娜（Hannah）是育有三个小孩、性情温柔的母亲，她看起来个性沉稳、工作勤快且婚姻颇为幸福。汉娜青少年时期曾经沉迷酒精，后来在"匿名酗酒者"组织的协助下戒了酒。20多岁时，她在她任职的药房多次偷取处方药，虽然被炒了鱿鱼但没有被送进警局。她来找我时已30多岁，且宣称自己没有药瘾。令人费解的是，虽然她来寻求心理治疗，但她说自己几乎没有什么问题，她亲切地和我闲聊她的父母，以及和她的丈夫或同事间小小的紧张场面，我偶尔问她现在是否还喝酒或吸毒，她坚决一口否认。但是，在一个星期二，也就是从我这里做完治疗的三小时后，汉娜因持有可卡因遭到逮捕。

我早该把汉娜所谓的"没有问题"看成是危险的信号，忙碌的上班族不会每小时花上90美金只为找我聊天。我也应该一直和她的丈夫保持更多的联系，她的丈夫后来告诉我："汉娜这一段时间怪得不像话，我心里早就怀疑了。"我应该发挥我不想做但仍硬着头皮去做的精神，要求汉娜定期进行毒品检测，但她总是态度甜美可人，而我也一直彬彬有礼，结果所有这些表面的顺利最终把她送进了监狱，也毁了她的婚姻。

我治疗过一个名叫罗丝玛丽（Rosemary）的暴食症个案长达三年，我对她试过所有的办法，包括深入探讨她的过去，要她写心情日记、每日菜单，对她进行强制训练、压力管理和行为识别的心理治疗，最后甚至连住院治疗都搬出来了。可是罗丝玛丽没有获得任何改善。一年以后，我只能把她转介给另一个心理医生。她在最后一次治疗中说的话清楚地透露了我的办法不管用的原因。她说："很遗憾你没有找到正确的方法来帮助我！"我恍然了解到，她以为我拥有一只万能的神奇宝贝袋，终究可以从中变出一剂治病良药，她一直在等我施展魔法。我应该跟她说："我可不是什么奇人异士，只有你自己能解决问题。"

我碰过最悲惨的案例之一是一个十几岁的少年布兰登

（Brandon），他的父亲因酒驾肇祸身亡。丧礼过后，布兰登在母亲的陪同下来找我。这对母子经常吵架，布兰登动不动就离家出走，对母亲大吼大叫，而且还会偷她的钱。治疗到某一程度时，我建议布兰登试着搬出去过集体生活，这样对他会比较有约束力。此话出口后，我再也没见过他们母子俩了。事后我分析我的治疗方法到底哪里出错时，觉得自己活该得此下场，因为这两个受过创伤的人所拥有的仅有彼此，他们的吵吵闹闹只是维持情感联系和远离痛苦的一种方式，我真是个大傻瓜，竟然想到要拆开他们母子俩。

有些案例更难以猜测。我治疗过一个说话停不下来、名叫茉拉（Moira）的个案。我试着等她把话说完，心想也许有我不了解的理由，她需要时间和百分之百的发言权。时间一分一秒地流逝，我企图制止她的滔滔不绝，但是找不到插嘴的机会，她害怕没有人听她讲话且怕我和其他人谈话。她可能早已得了梅兰妮·克莱茵（Melanie Klein）所谓的"躁狂防卫症"，即强迫自己忙得没有时间和机会去思考，企图压抑内心抑郁的一种病。有一次我告诉她，她可能得了这种病，茉拉稍微停了下来，但还没来得及想这个问题又开始口沫横飞了。幸运的是，茉拉不再来接受我的治疗，我觉得她并没有获得任何进步，到最后我认为她根本不需要什么帮助，她要的只是别人的赞美，只不过即使给她赞美，她还是会不停地说下去。

很多年以后，我照实写下我以前犯的错误，这着实让我的胃发疼。我是个不喜欢失败也不容易释怀的人，但我在意的不只是这个，我担心伤害了那些来找我寻求援助的人，我很遗憾找不到打开个案心扉的钥匙。正如我自己说的，我是个不容易打开心扉的人。

我敬爱的一位美术老师不准她班上的学生在画画时使用橡皮擦。她说："切莫擦掉一个错误，应该把它加以修饰美化。"如果我发现治疗散漫、没什么效果，通常会在最后留一手，我可能会对个案说："经过断断续续的治疗后，你们在回家途中有没有乍然想到什么事情对我们先前的讨论有帮助"或者"我们今天触及很多主题，目前还看不出什么结果，但我们已展开了不可逆转的治疗了"。这些语意含糊的话，让个案不停地思索其中的意思，等到我们再见面时，他们通常能从上一次单调枯燥的治疗中找到一丝光亮。

　　身为一个母亲、心理医生和作家，也许我70%的时间都在瞄准目标勇往直前，期待自己比一个普通的中年人做得更完美。我永远不能忘记我的叔叔给世人的忠告，在他的钻石婚周年庆上，一位客人要他贡献一些智慧箴言，他对这个要求感到有点不好意思，但他很认真地回答说："我晚上尽量睡一个好觉，而且每天早晨起床后，尽我所能地过好每一天。"

安慰剂效应无处不在

第25封信

亲爱的萝拉：

　　昨晚趁着夕阳西下，我和先生开车去乡下了。正逢农作物秋收时，麦粒在空中飞舞，烘托得落日宛若很大的西红柿。我们整个州闻起来像一大盒早餐麦片，田野间灯光闪烁着，旧卡车排着长长的队伍等在华尔顿谷仓旁，向日葵在田沟间随风摇摆，马儿的毛皮在夕阳余晖的掩映下闪闪发亮。

　　全世界的人看到落日都会赋予它很多意义，把一些特殊的植物或动物当成图腾崇拜的对象，崇拜大自然并对其心生敬畏。有一年，一只得了白化症的松鼠经常在我们家附近出没，不管什么时候瞥见它，我心中总能感到一阵欢喜，随之而来的是希望、安详甚至是敬畏。最后它不见了踪影，想必是被其他掠食性动物吃掉了，但我仍不舍地望着它曾蹦蹦跳跳过的地方发呆。中西部平地的印第安人对白水牛特别敬畏，他们相信若一只小白水牛诞生，会给全族带来财富。我刚在《纽约客》杂志读到一篇有关生长在不列颠哥伦比亚的夏洛特皇后群岛的金色云杉的文章，来来往往的游客、现今岛上的居民和海边印第安人都很崇拜这棵树，但有一个人在一场极为恐怖的破坏行动中将这棵树砍断了。即使如此，这个人必定也基于某种象征性的理由，感觉毁掉这棵树也是一种极其神圣的举动。

所有的文化都有其自愈系统，有营养的食物、音乐、抚摸、吐露真言和宽恕原谅等都是很普遍的疗法。很多美国原住民文化保留着成年人围坐在一起，讨论任何需要讨论的问题这一治疗习俗。击鼓、饮酒和燃烧芳香植物等也都是一些可以治病的方法。

在其他地方，人们都会举行一些净化身心和饶恕罪行的仪式。与朋友交谈、与幼童嬉戏、进行艺术创作都是可行的治疗手段，而很多治疗习俗都有逗人发笑这个项目。伊拉克有一句谚语："世上有三种东西可以使人的心平静下来——草地、水和漂亮女人的面容。"波斯尼亚人则说："我们的心和草地之间有一条纽带。"

在中东地区，心里有烦恼的人常去圣人之家住上一段时间，这些避静场所通常都是由善心人士管理，主要用来帮助沿途的旅人。访客住在那里相互交流并一起用餐，他们在那里重复祷告、哭泣、散步的仪式，累了就休息，等他们回家时就会觉得好受多了。

佛教有一套流传久远且博大精深的静心疗伤的仪式，调匀呼吸、静坐冥想及潜心领悟万般皆空的佛理等都属于疗养活动，有些最具成效的心理治疗其实也结合了佛教中的某些精神。

传统疗法和习俗之所以奏效，是因为人们相信他们有效，几乎所有疾病的治疗药方都牵涉安慰剂效应（placebo effect）。在心理治疗中，个案的病情得到改善的部分原因是他们期待自己会有进步，他们希望看到我在一所越南高中碰到的男孩口中所描述的"希望之美和神奇"。

给予注意和关怀也很有疗效。人在觉得自己说话有人听、有人爱时的感受会比较好。爱，可以使心灰意冷和绝望的人重获新生，正如诗人乔伊·哈乔（Joy Harjo）所写："爱可以改变分子结构。"

大部分难民不习惯我们的心理治疗手法，对他们来说，坐在一个小房间和一个陌生人谈论自己的问题，是一件很奇怪的事情。此外，他们的脑袋只绕着怎么挣到钱付房租，或替小孩买双鞋的生存问题打转，根本无暇顾及其他。心理医生莎拉·亚历山大（Sara Alexander）鼓励为难民个案设计他们专属的"治疗套餐"，逼他们自己去做某些事来融入新的生活。我认识一个从波斯尼亚东部斯雷布雷尼察大屠杀中死里逃生的妇人，她曾在一天之内痛失22个家人，她告诉我那种痛苦已经让她的心死了，她拒绝做任何心理治疗，但拿到人家送她的马戏团表演的免费门票，便高兴得不得了，带着家人一起去玩乐便是她的治疗套餐之一。

　　很快就会有个案来找你看诊，他们将让你有机会接触美国或欧洲以外的个案。在这个新世纪，我们需要世界共通的治疗方法，我们不需要事事都按西方标准来划清身与心、精神与俗世、工作与玩乐之间的界线，我们可以指派我们的个案做按摩、林间散步、聆听音乐、打太极拳和做芳香治疗等，也可以给个案开聚餐和参加舞会的处方。

爱，可以使心灰意冷和

绝望的人重获新生。

对生活抱有合理的期望

第26封信

亲爱的萝拉：

　　我在上一堂课上听了你的新个案的梦想后深受感动。安迪（Andy）从小便立志要到意大利旅行，搭渡轮泛游科摩湖，并在米兰听一场歌剧。我俩都认同，对一个男人而言，仅靠木工薪水养活妻子和三个小孩，这个梦想在最近是无法实现的。安迪让我想起我家乡的一个伙伴，他无法外出旅行，但发誓要靠订阅的《国家地理杂志》游遍全世界。

　　人类真是个幻想家，无论何时何地，总是一再想要更多的东西。我们想和远方或已去世的亲友在一起，或者想要在我们有生之年到不一样的地方、身处不同的时代；我们向往拥有更丰盛的收获或更温暖的房子，希望自己更坚强或更美丽；我们渴望拥有更多或更少的家人、较多或较少的工作量及更复杂或更简单的东西。日本俳句大师松尾芭蕉（Matsuo Basho）很早以前就曾写过"即使身在京都，听到杜鹃低泣，我对京都仍心向往之"的诗句。

今天的美国人尤其如此。很大一部分原因是商业广告教会我们追求更多的东西，同时我们却被更多想要的物质淹没。我们可能想要一个DVD放映机，或到尼泊尔进行一次神奇之旅，或要一辆轿车、一个MBA学位。美国人自20世纪以来就变得更加富有了，但随着生活水平的提高，我们的期望也逐渐变高，我们拥有的和我们想要的之间的落差也愈来愈大。

几乎所有的心理和社会健康指标都变得越来越差。目前，美国是世界上抑郁症发病率最高的国家之一。特蕾莎修女访问美国时曾表示我们比印度更贫穷——精神上的贫穷，一种追求错误物质所衍生的寂寞。

在撰写《四海为家》(*The Middle of Everywhere*)一书时，我更能看清楚我们的文化。美国人对世界有时一无所知，对他人的处境也漠不关心。写到难民时，我游离在两个不同的世界——一个是非名家咖啡不喝及大买高级音响的美国，一个是充斥饥童及摇摇欲坠的破房子的美国。我前一分钟才听到一个朋友向我抱怨找不到新鲜的紫苏,下一分钟就听到一个学生哭着跟我说,她在乌克兰的表弟妹靠草根维生;我可能前脚才听到一个同事大谈他的阿拉斯加邮轮之旅,后脚便有人向我倾诉,他们在加纳集中营的亲戚快要饿死了。

最近我看了一些"实境电视"节目,我很反感并被它激怒了,也许是因为我长期和难民、穷人相处,因此对这种毫无品味的节目特别敏感。让我很反感的是,在一个遍布饥饿和绝望的世界里,美国人却以这种创痛为乐,这种虚假和肤浅简直让我作呕。如果要我选择是与制作这种节目的人在一起生活,还是住在难民营,我会选择后者,至少在那里,水深火热之痛、寻找食物和住所都是真实情境,即使绝望也带有某种诚实。

生于20世纪初的美国人大多拥有合理的期望,他们在经济大衰退中长大成人,那个时代若有鞋穿、有晚饭吃,便算是幸运的了。但是,在第二次世界大战后出生的大部分美国人相信他们可以拥有所有的东西,这种想法自然会让他们陷于痛苦的陷阱中。如果幸福取决于可满足的欲望与总愿望的比例，那么欲望无穷无尽的人是无法获得幸福的。事实上，大文豪托尔斯泰将财富的多寡定义为："就算你身无分文，也能照样过活。"

研究显示，人基本上可分为两种：知足者和最大化者。知足者常说"够好了"，他能心满意足地享用一家餐厅的食物；但最大化者总是想要做最好的选择，他会问自己："这真的是城里最好的一家餐馆吗？我是否点了最好的菜？"人类痛苦的根源来自我们已拥有95%的完美生活，却仍想要追求最后的5%。

我们好像都能找到我们一心想追求的东西，想要发财的人最终会财源广进，寻求纯粹享乐、冒险和爱情的人通常也能如愿以偿。一如寻找幽默的人会得其所愿，想找麻烦的人也会苦恼上身，人决定要让自己多快乐，他就会有多快乐。我的姑姑一边坐在窗前的摇椅上，一边看着鸟儿喂食说："我拥有我想要的，因为我知道自己想要的是什么。"

如果我们个案的愿望是成为摇滚明星、将子女培养成完美的人或拥有充满浪漫的婚姻，那他们注定要失望。如果他们期望毫无压力的工作或儿女不再出恶言，他们也一定不会感到满意。因为知足需要我们学习如何在梦想和合理的期望间寻求平衡。

与遥不可及的期望相反的是，欣赏我们身边的美好。一位瑜伽老师在课堂上喊出："用心体验你的身体！用心感受你的身体！"心理医生也可以提醒个案来一场类似的按摩，"现在就开始吧！"

我们可以要求个案每天记下他们欣赏的事物，诸如说一些好话或在别人施以小恩时道声谢谢等，这都会使我们的生活有所改观。促进睡眠的一个好方法是，回想白天所有令人愉快的事情。细数收到的祝福有益于你的心理健康，我通常会鼓励夫妻进行恭维竞赛，看看哪一方能真诚地赞美配偶。

如果我们把人生当作时间线，大部分人都会拥有快乐和悲伤的时期，特别是在接近终点时，会有些年头不太好过。我的一生大致来说算是幸运的，小时候，我拥有一个充满笑声的家庭，虽然有时候也会遭遇不幸。我受过良好的教育，拥有一份很具挑战性的工作、健康的身体及深爱我的父母。

长大成人后，我拥有很多朋友、神奇的冒险经验和一幢安全的房子。但是，像其他人一样，我的人生也曾充满悲伤。

我的双亲都是在病情拖了很久、被折磨了很久的情况下才离世的，我的一个挚友自杀了，另一个朋友死于脑瘤，我也十分担心我的工作、我的兄弟姐妹和我自己的小孩，我还得了慢性失眠症，这肯定是我人生中最大的诅咒之一。我手边的任务常常令我感到焦虑不已，和其他作家一样，我也感到寂寞，有时我会觉得气馁，我老是在思索我失败的原因，以及让自己失望的地方，而我也告诉自己："你已经拥有很多了，没有人能一帆风顺。"

萝拉，安迪现在不可能去意大利，但他将来可能有机会去。同时，他的梦想也带给他安慰。当人陷入单调乏味的工作或感到艰难的时候，梦想能让他们保持神智。你可以在治疗中偶尔提起意大利，当安迪对生活气馁沮丧时，你可以请他描述一下在夜晚乘坐威尼斯游船，或在米兰歌剧院旁的小咖啡馆饮酒的情景。

秋天真的是做梦的季节。我们感受着大地赐予我们如火般绚烂的荣耀的同时，也意识到季节的脚步正悄悄溜走，冬天即将来临。我们的梦想能制止光阴的流逝，让我们的生命绵延如永无尽头的小阳春。但是，秋天带来的讯息就是要我们接受我们所拥有的一切，提醒我们接下来的日子可能要更艰难些。一如埃兹拉·庞德（Ezra Pound）写的："严冬就要来了，无可奈何呀！无可奈何！"

真实地过自己想要的生活

第27封信

亲爱的萝拉：

　　我已经在准备过感恩节了，我的孩子们都会回家来，我们会像往常一样到草原漫步、一起玩"打破砂锅问到底"的纸牌游戏、同看几场电影。感恩节是我最喜欢的节日，它也是家庭的庆典，虽然我们仍不免会有一些争吵。过完节后，他们会回各自的家，而后冬天也就要来了。

　　过了这个假期，你就要有一个新的指导老师了，我想我会想念你友善的微笑和你热切提出的各种问题，我也会怀念写信给你的这段日子。

　　人生总是多变的，时光不停流逝，人的想法和情绪也会变来变去。悲剧发生后，荣耀和喜悦又在另一个角落探出头来，人与人之间的关系时而增进滋长，时而枯萎凋零。热情起起落落，消退后希望又在我们陷入黑暗时重现身影，现在所有发生的一切即将被取代，佛教中有关不沾惹尘埃的观念倒是很管用。

最后，我想说的是，虽然我们很多人拥有欢乐的人生插曲，但对大多数人来说，人生是苦涩的。如作家华莱士·施第格纳（Wallace Stegner）所写："我们想要在人生中刻下我们的痕迹，但岁月反而在我们身上留下痕迹。"有些幸运儿可以享受好几十年的美好岁月，但是对很多人来说，人生的每一阶段都会渐渐变得至少难易掺半、苦乐相当，几乎我认识的每个人的人生都比外人所了解的更为艰辛与复杂。

附带说一下，这种认知让我能够忍受满脑子奇想和爱发牢骚的人。当碰到店员对我大声斥责、汽车驾驶人朝我按喇叭或比出不雅的手势时，我总会告诉自己："谁知道那个人现在心里有什么难言之隐，或许他的一个家人快要死了，或者他即将宣布破产，又或者刚被他所爱的人甩了。"

童年生涯只有在回味时才会有如一首纯美的田园诗。儿童的人生和大人一样复杂：步入青春期后，人生就变成一种折磨；成年之初充满了苦闷不安；等到跨进成人世界，人生则问题丛生、荆棘遍布；有的人结婚成家，有的人则一辈子单身；他们的小孩有的平安长大，有的则半途夭折；有的人老了之后变得很有智慧，有些人却没有。如果我们能活到那个岁数，老年时需要的是耐心，为了生存，我们不得不学习带着一颗破碎的心活在人世间。

我父亲的一生就是个很恰当的例子。1916年他出生在欧札克山区，我的祖父在我父亲很小的时候便精神失常，被送进疗养院度过余生，从此家道中落，父亲也跌入了充满羞辱的穷苦境地。他们一家住在林子的小木屋里，如果能抓到松鼠和乌龟，他们就会拿来果腹。第二次世界大战期间，他被派到琉球和菲律宾担任医护兵，曾目睹很多可怕的事。终其一生，他一直在努力寻找立足之地，曾想出上千个快速致富的点子，但都没有成功。20世纪70年代时，他那处于青少年时期的子女变成了社会活动分子，这一度让他十分失望。50岁时，他便轻微中风，接着又中风了好几次，变得又瞎又跛、奄奄一息，直到65岁才去世。

我父亲的一生，正如很多人一样极为悲苦，但也极为欢乐。他长相英俊，喜爱玩闹，人缘绝佳，高中时便是学校里的棒球明星，深得奶奶和姑姑的溺爱。他喜欢到全球各地钓鱼、旅行，也拥有很多爱好。他的人生故事并没有比大多数人悲苦，但他的一生也是一段人生。

到南非旅行时，好望角曾让我心醉神迷，冰冷、波涛汹涌的大西洋在此和平静温暖的印度洋交汇，这美丽的岬角也被称为暴风角。在我的脑海里，闪现了一个浪头，代表着大西洋，它轰隆轰隆地冲向印度洋，而浪花上的泡沫便是人生之所在。

我们之间的相似之处多过我们之间的差异，最终我们想要的东西都一样。除了基本的物质（如食物）和遮风挡雨的住所（它们也不是真的那么不重要），我们都想要别人的尊重、放松的生活、良好的人际关系、努力有成果及愿望能实现。前两者不言而喻，至于人际关系，我们都渴望爱人和被爱；就成果而言，我们都想要好的工作、好的生活并希望人生具有更大的意义；实现则指的是发挥我们的潜能。根据人类学者玛格丽特·米德（Margaret Mead）的定义，理想的社会指的是，人类的聪明才智能各得其所，理想的人类生活便是这些天赋得到充分发展，并被加以运用来帮助他人。

然而，很诡异的是，从事心理治疗帮助我看清了人类犯下的所有愚蠢行为，但它也同时增强了我自幼养成的信念——基本上，大部分人还是规规矩矩守本分的。我想到我的个案海尔嘉（Helga），一个在自家的地下室自制热狗营生、把冰箱和车库叫作"冰盒""车屋"的捷克裔中年妇女。她从小被父亲体罚虐待，在学校又因身材肥胖和家里贫穷遭到同学的嘲笑。后来，她嫁给了一个智商远低于她的农夫，这个农夫后来还身患重病。海尔嘉在养育子女、照顾丈夫和揽下所有家事之余，还在工厂打工、经营农场、学习函授大学课程。她丈夫怕她变得比他更聪明，因此不准她去上大学，她为此苦恼来找我帮忙。她觉得自己必须要完成学业，才能在丈夫离世时做好独力养家的准备。此外，她也很爱念书，在念出"大学"这个名词时，她的态度是极其肃穆恭敬的。在与她交谈时，我心中涌现出一股经常感觉到的、对平凡人的勇气的深深敬意，他们就是那群每天黎明即起，勤勤恳恳做他们该做的事的凡夫俗子。

即使身为心理医生，我们也不能免于生老病死、受他人欺侮、财务出问题、碰到恶毒的同事或不值得原谅的亲戚等，但是，我们并没有陷于无助中，我们可以告诉他人"没错，人生很苦，但他们并非没有足够的资源和智慧攻克难关"。我们可以编造一些故事来帮助他们作出谨慎的决定，我们可以建议他们观赏夕阳美景、抱抱婴儿或在棉花树下跳舞。佛祖有言"众生皆苦"，但这并不是说人生是卑贱低下的，我们的工作可以让人将痛苦升华为设身处地为别人着想的能力和智慧。

心理医生只是不起眼的小人物，但是，我们的工作和一个古老美丽的理念相通。自开天辟地以来，人类就需要和尚、术士和部落医者，互相乞求对方的协助来驱逐心中各自的邪灵恶魔。打从一开始我们就问着同样的问题："我是否安全？我是否重要？我是否能得到原谅？我是否被人所爱？"

我们这个行业也会出现错误，有些还是毁天灭地的错误，但是我们知道，了解别人的想法、去除人类痛苦及增进人与人之间关系是高贵神圣的。从好的方面来看，我们尊重这个大千世界的复杂多样，理解它的好坏。正如作曲家雷格·布朗（Greg Brown）把人生比喻成一敲即碎的熟透瓜果，很香甜但又很烂。

写这本书时，我发现，心理医生其实和其他职业并没有什么区别，都是为了过自己想要的生活。简单来说，心理医生就是关怀他人的一种途径，也是表达爱的一种形式。《夏凡诺》（*Shavano*）一书认为人的精神实践原则之一就是"不要与这世界的苦痛隔绝"。书中还写到："当我们打开心胸、拥抱世界的苦痛时，我们就会变成治疗世界的良药。"

萝拉，没有哪一种职业比我们现在的工作更好，很高兴看到你在这几年中如鲜花般盛开、成熟，你将会是一位优秀的心理医生，欢迎你跨入我们这一行。